JN024760

よくわかる高層気象の知識
〔2訂版〕
―JMH 図から読み解く―

海技大学校名誉教授
気象予報士

福 地　章 著

株式会社

成 山 堂 書 店

は　し　が　き

　本書は JMH スケジュール（気象無線模写通報）によって送られる気象・海象図を元にそれらの図の解読法を述べ，それらについて解説して理解の一助としている。放送図はインターネットで検索できる。

　JMH 図の特徴は高層気象に関する図が豊富であり，地上気象の解析に重要な役割をなすことから，気象予報士は言うに及ばず，海技試験でも最近は高層気象に関する出題が多くなってきた。そこで，本書では，高層気象の基礎知識を身につけるために基礎編として，問答形式の第 1 編「高層気象」とした。類似問題などで，重複している場合もあるが，繰り返し学習することによって実力の向上を目指している。

　第 2 編は JMH スケジュールによる各種放送図の解説をした「JMH 図の知識」としてまとめた。第 1 編で学んだことが，ここで生かされるだろうし，天気図の見方も面倒でなくなれば，多くの気象図を利用することができるので，船舶の安全運航はもとより，それぞれの分野で役立つはずである。

　今まで改版ごとに，現状に満足することなく少しずつ手を加えてきた。今回の改訂版では，前回から 6 年が経過したので，もう一度全体を見直した。そして説明不足と思われる個所をいくつか加筆して理解しやすくしている。

　また JMH 図ではいくつか図の表現法が変ったものがあり，それらを差し換えてより内容の充実につとめている。

　今後とも，変わらないご支援をお願いする次第です。

　なお，執筆に際して，本書の出版に深い理解を寄せて頂いた成山堂書店の方々に対し，また参考にさせて頂いた多くの文献，書籍の執筆者に対しこの場を借りて謝意を表します。

　2022年 4 月

福　地　　章

2訂版発行にあたって

　この度，第2編第3章「雲写真と雲画像図」を「気象衛星画像」と改題した。従来に比べひまわり8号，9号での観測精度があがり現在8種類のカラー合成画像が得られる。これらの概要を解説しているがより詳しく知りたい向きはひまわりに関する専門書を開くことをすすめる次第である。

　2022年4月

福　地　　章

目　　次

第1編　高層気象

第2編　JMH図の知識

第1編　高層気象

第1章　大気の大循環

1　対流圏と気象現象の関係

問　対流圏と気象現象の関係について述べよ。

答　対流圏内では，上空に行くほど気温が一定の割合で減少している。それは100mにつき約0.5〜0.6℃である。その上部に成層圏が広がり，ここでは高度による温度の変化はほとんどない。

　対流圏の高さは緯度と季節によって異なり，極に近いところでは年中低くて9km，中緯度では夏が15km，冬が9kmとなり，平均12km，そして赤道では17kmになる。

　対流圏がなぜ大事かといえば，この圏内では対流があり，空気の水平運動だけでなく，上昇流・下降流があって空気の動きが活発である。したがって，地上の気象現象のすべてはこの対流圏内で起こっている。雲ができ，それによる雨や雪，低気圧と高気圧，さらには規模の大きい台風とか，ハリケーンといったものもこの対流圏で起こっている。

　成層圏では空気の動きは層流，つまり水平方向の動きとなる。これは対流圏との境界の圏界面（十数km）から高度25〜30kmにわたって気温がほとんど一定（中高緯度上空で約−40〜−60℃，低緯度地方上空で約−80℃）なため，大規模な気温の逆転が起こっていることと同じで，対流圏からの上昇気流がここで押さえられてしまうことに他ならない。

2　上昇する空気塊の断熱冷却

問　上昇する空気塊の断熱冷却について述べ，大気中でこの現象を起こす場合の例2をあげて説明せよ。

答 乾燥断熱冷却と湿潤断熱冷却がある。

　乾燥断熱減率：乾燥空気が上昇するときの温度減率をいう。100mにつき1℃である。実際の大気中では常に水蒸気を含んでいるが，その大気が未飽和（湿度100％以下）であれば大気が飽和に達するまで乾燥断熱減率で気温が下がっていく。

　湿潤断熱減率：飽和後の大気が上昇するときの温度の減率をいい，一般には100mにつき平均0.4〜0.5℃である。大気が飽和後に，さらに気温が下がると水蒸気が水滴に変わっていく。このとき，潜熱を放出しながら気温が下がるので，その分だけ冷却が少なくなる。

　この値は気塊中の水蒸気量に関係するわけで，そのときの気温に対する飽和蒸気量に応じ，約0.3〜0.9℃まで変化する。

　大気の上昇運動があるところで，断熱冷却がある。次にその典型的な例を4つあげる。

① 対流性上昇：日射によって地面が暖められると局地的な上昇気流を生じる。夏の積雲とか積乱雲がその例で，夕立ちや山岳方面の雷雨に関係している。

② 地形性上昇：風が山の斜面に吹きつけて上昇する現象である。冬にシベリア気団が日本の脊梁（せきりょう）山脈に吹きつけて上昇し，日本海側に雪や雨を降らすのがその例である。

③ 前線性上昇：前線面に沿って暖気団が寒気団の上を上昇する現象である。前線に沿って雲が多く，降水を見る。

④ 収束性上昇：周囲から風が吹き込むところでは気流の上昇が起こる。台風域内，低気圧の中心付近，気圧の谷，鞍状（くらじょう）低圧部がその例である。

3　気温減率

問 気温減率とはどのようなことをいうか。

答 一般大気が高度と共に，気温の下がる割合で，100mにつき平均0.5〜0.6℃

（日本付近）である。これは，全体的に見た気層の平均状態を表している。減率は日々の大気の状態でいろいろに変わりうる。この気温減率に基づいた曲線を状態曲線ともいう。

　　(注)　気温減率：標準大気では0.65℃/100mである。

4　大気の安定度

問　大気の安定度に関する次の問いに答えよ。

（一）　大気の安定及び不安定とは，一般にどのようなことをいうか，大気の気温減率と断熱減率との関係によって説明せよ。

（二）　大気の安定・不安定は天気にどのように関係するか。

（三）　安定な大気が不安定になる場合2をあげよ。

答　（一）　大気中のある空気を持ち上げてみて，周囲との関係を調べてみた結果，またもとの位置へ戻ろうとする（周囲より低温）場合，大気は安定である。

　　それに対し，上昇がますます起こる（周囲より温暖）場合，大気は不安定である。またその空気が上がろうともしないし，下がろうともしない場合は中立という。

　　安定と不安定：第1・1図の①の場合（$\gamma_d > \gamma_w > \gamma$），上昇気塊はどこまで上昇しても周囲（$\gamma$）より低温なため，絶対安定である。

　　第1・1図の②の場合（$\gamma > \gamma_d > \gamma_w$）は，常に上昇気塊が周囲（$\gamma$）よりも高温なため，絶対不安定である。

　　条件付不安定：第1・2図のように（$\gamma_d > \gamma > \gamma_w$）の場合，上昇気塊は下層では$\gamma$より低温だが，上昇につれてやがて$\gamma$より高温となり不安定となる。このように，ある高度以上の条件が満たされると不安定になる場合をいう。

　　対流不安定：温暖で厚い気層があり，その下部が湿潤，上部が乾燥しているとき，この気層が前線や地形に沿って全体的に上昇すると，下部では早くからγ_wで気温が下がり，上部では長くγ_dで気温が下がる結果，気層

内の温度勾配が大きくなり不安定となる。そして，この気層内で激しい対流が起こる。

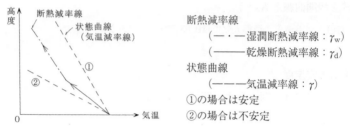

断熱減率線
　（—・—湿潤断熱減率線：γ_w）
　（———乾燥断熱減率線：γ_d）
状態曲線
　（———気温減率線：γ）
①の場合は安定
②の場合は不安定

第1・1図　大気の安定・不安定

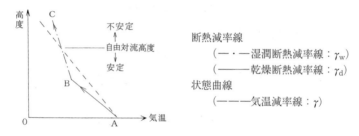

断熱減率線
　（—・—湿潤断熱減率線：γ_w）
　（———乾燥断熱減率線：γ_d）
状態曲線
　（———気温減率線：γ）

第1・2図　条件付不安定

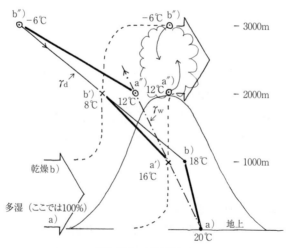

第1・3図　対流不安定

1,000m の巾を持つ気層があり，下層 a）は多湿（ここでは100%），上層 b）は乾燥状態で上昇して行くとする。この時点では安定な気層である。a），b）間の太線は2点間の温度傾度である。a′），b′）間は1,000m上昇時の気層，a″），b″）間は2,000m上昇時の気層の状態であるが，その温度傾度が乾燥断熱線より傾いた結果a″），b″）間で対流不安定となり，対流が起こる。

γ_wは0.4℃/100m，γ_dは1℃/100m とする。

㈡　大気の安定化は気象現象の沈静化を意味し，南方からの暖気団が北上につれ，下層が冷やされていくと安定化する。

　　大気の不安定化は気象現象の活発化を意味し，北方からの寒気団が南下につれ，下層が暖められると不安定化する。

　　要約すれば，次表のようになる。

第1・1表　大気の安定・不安定と天気

気 団	安 定 度	風	視　　　程	雲　　　型	降　　　水
寒気団	不安定化	突風性 （強い風）	良 （浮遊物は飛散）	積 状 雲 （垂直に立つ）	しゅう雨 （強弱の強い雨）
暖気団	安 定 化	一 定 （弱い風）	不　　　良 （霧が発生しやすい。浮遊物が多い）	層 状 雲 （扁平になる）	地　　雨 （この場合弱い連続性の雨）

㈢a）　夏季，安定だが湿潤な小笠原気団が陸地にあがり熱せられ不安定化し，山沿いでもたらす雷雨や夕立ち。

　b）　夏季，ふもとでは安定でも日本の山岳方面では対流不安定が起こりやすい。山の天気急変には注意する。

　c）　上空に冷たい空気が侵入し，不安定化し雷雨をもたらす。夏，北陸から関東にかけて発生する雷三日。

　d）　下層に温暖で湿潤な空気が侵入してくる場合。湿舌がその例で大雨や豪雨の引き金になる。

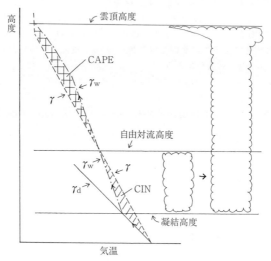

高度

← 雲頂高度

CAPE

γ_w

γ

自由対流高度

γ_w　γ

γ_d　CIN

← 凝結高度

気温

CIN（convective inhibition）対流抑制
CAPE（convective available potential energy）対流有効位置エネルギー

第1・4図　CIN と CAPE

　第1・4図から大気が CIN の間は安定だが，自由対流高度をこえて CAPE 域に入ると不安定化し雲が発達して激しい風雨をもたらすことになる。

> **（注）**　大気の不安定化によって積乱雲が発生し，大きく発達すると激しい雷雨，シビアストーム（激しい雷雨性じょう乱）や竜巻の遠因になる。また，ダウンバーストなども発達した積乱雲に伴って起こる。
> 湿舌：対流圏下層で，赤道気団からの非常に高温で非常に多湿な気流が小笠原高気圧の西縁を回って舌状に移流している状態。梅雨末期や台風時の豪雨に関係する。
> ダウンバースト：地表付近に被害をもたらすような強風が吹き下ろして拡がる発散気流をいう。
> 　　直径が4km未満のものをマイクロバースト，4km以上のものをマクロバーストという。

5　フェーン現象

問　次図は，湿った気流が山脈を吹き越え，高温の乾いた風となって風下側の山ろくに吹き降りるフェーン現象を模型的に描いたものであり，山ろくAに

あった空気塊が上昇して高度500mのBで飽和し，雲が生じて雨を降らせ，さらに山頂の上空2,000mのCを越えて乾燥し，山の風下側を下降しDに達していることを示す。Aにおいて空気塊が25℃であったとすれば，B，C及びDにおける気温はそれぞれ何度になるか。ただし，乾燥断熱減率を1℃/100mとし，湿潤断熱減率を0.5℃/100mとする。

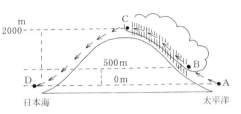

第1·5図　フェーン現象

答　A（ふもと）：25℃，B（500m）：20℃，C（山頂）：12.5℃，D（ふもと）：32.5℃。

　Dに吹き降りた風は乾燥しているのはいうまでもないが，25℃で侵入した風が風下では何と32.5℃にはね上がったことになる。日本では太平洋から侵入する暖湿な空気が反対側に吹き下りる日本海側でフェーン現象が起こりやすい。

（注1）　同じ例で冬の場合を考える。例えば，A：0℃でシベリアから吹き込んだ風が日本海側で雪を降らせ，太平洋側に吹き下りてくるとすると，Dでは7.5℃になる。しかし，元々気温が低い上に風が（例えば，5m/sくらい）吹くと体感温度では5℃低く感じるので，2.5℃くらいの感じになって寒い。これが，いわゆる冬の乾燥して寒い空っ風ということになる。

（注2）　断熱冷却の問題を取り扱うに際し，水蒸気圧は気圧に関係しているので，より正しく行うには混合比を考えなくてはならない。

　上の例で考えてみる。A：25℃（露点温度20℃）とすると，必ずしも500mで飽和に達しない。

　乾燥断熱減率による500m〜800mにおける気温は次の(ア)であり，そのときの飽和蒸気圧は後頁の第1·2表より(イ)の如くなる。

	(ア)	(イ)
500mの高度で	20℃	23.4hPa
600mの高度で	19℃	22.0hPa
700mの高度で	18℃	20.6hPa
800mの高度で	17℃	19.4hPa

第1·2表　水の飽和蒸気圧

15℃	17.0hPa
16	18.2
17	19.4
18	20.6
19	22.0
20	23.4
21	24.9
22	26.5
23	28.1
24	29.9
25	31.7

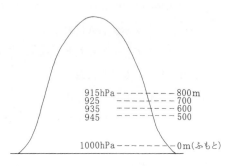

第1·6図　飽和付近における各高度の気圧例

　一方ふもと（ここでは1000hPaとする）の大気の露点温度は20℃であるから，飽和水蒸気圧は23.4hPaである。

　水蒸気混合比を W_s とすると $W_s = 0.622 \times \dfrac{e}{p-e} \fallingdotseq 0.6 \times \dfrac{e}{p}$ （p：気圧，e：水蒸気圧）

なので，$W_s = 0.6 \times \dfrac{23.4\text{hPa}}{1000\text{hPa}}$……(a)である。

　気塊が上昇するとき，混合比は保存されるので，気圧 p での水蒸気圧を e とすると，$W_s = 0.6 \times \dfrac{e}{p}$……(b)

　(a)＝(b)から，$e = \dfrac{23.4}{1000}p$……(c) となり，500～800mの各気圧（観測値）における水蒸気圧は(c)より，次表(ウ)のようになる。

高　　度	気　　圧	水 蒸 気 圧 (e) ^(ウ)	(イ)
0m（ふもと）	1000hPa	——	——
500m	945	22.1hPa	23.4hPa
600m	935	21.9	22.0
700m	925	21.6	20.6
800m	915	21.4	19.4

　これと，先に求めた(イ)を併記すると，両方の水蒸気圧がほとんど一致するのは600mである。したがって，600mで飽和に達し，ここからの上昇が湿潤断熱減率となる。

　結果はあまり違わないが，各点の値はそれぞれ，

$\begin{cases} \text{A（ふもと）：25℃，B（高度600m）：19℃，C（山頂）：12℃，D（ふ} \\ \text{もと）：32℃となる。} \end{cases}$

断熱図（エマグラム）を使えば，等混合比線をたどることによって求めることができる。

混合比：1 kg の乾燥空気に含まれる水蒸気の質量（gr）である。

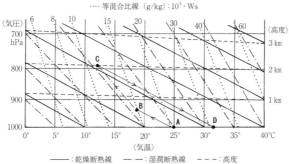

A（地上）25℃, B（600m）19℃, C（頂上，2000m）12℃, D（地上）32℃

第1・7図　エマグラム

地表 A 点から露点温度20℃の等混合比線と交わる点 B（19℃）まで乾燥断熱線に沿って上昇する。ここから湿潤断熱線に沿って上昇し，点 C（2000m, 12℃）に至る。そして次は乾燥断熱線に沿って地上（D 点）まで吹き下りた結果32℃となる。

6　大気の大循環（1）

問　大気の大循環について説明せよ。

答　小規模な大気の動きは考えずに，全球的な規模で地表から高層に及ぶ地球全体として行われる大規模な大気運動のことである。

　低緯度の熱帯域では太陽から受ける熱量が多いので加熱されて上昇気流となり，圏界面に達すると南北流となる。北半球では北上するが，コリオリ力のためしだいに右偏させられて西向きの風となる。また，北上と共に経度幅が狭くなってくるので北上成分の減退とあいまって，空気が過剰となり，緯度30°付近の上空にたまる。これが下降気流となって地表に出て，亜熱帯高圧帯を形成する。

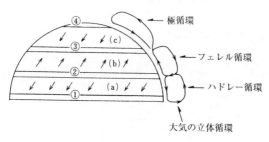

①赤道低圧帯
②亜熱帯高圧帯
③亜寒帯低圧帯
④極高気圧
（a）北東貿易風
（b）偏西風
（c）極偏東風

第1・8図　大気の大循環

　地表の亜熱帯高圧帯から南の赤道低圧帯に向かう風が北東貿易風となり，北に向かう風が偏西風となる。

　一方，高緯度の極付近では寒冷なため，空気が沈んで極高気圧を形成する。この高気圧から，南に向かう流れが極偏東風であり，緯度60°付近で先の偏西風と会合する。南からの偏西風が上昇気流となり，亜寒帯低圧帯を形成する。この上昇気流が上空で北と南回りの循環につながる。このような子午面循環は3細胞構造を示し，ロスビー循環といわれる。

　結局，極付近の地上2～3kmまでと，赤道を中心にした熱帯域では地表〜上空まで東風が吹き，中緯度を中心とした地域では地表〜上空まで偏西風が卓越している。

7　大気の大循環（2）

問　次図は，地球表面を一様と仮定した場合の北半球における対流圏内の大気の大循環を模型的に描いたものの一部を示す。帯状域a〜cにおける風向及び図の半円の外側に描いた大還流の進行方向を矢印（→）で示せ。

答　a：偏東風，b：偏西風，c：北東貿易風

　図における矢印は（ 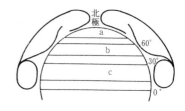 ）である。

第1・9図　大気の大循環

8　大気の大循環（3）

問　(1)　南北両半球の熱帯域で吹いている比較的定常な東寄りの風で，高さ8
　　～10km，時にはもっと高くまで及び，大気の大循環のうち最も規模が大き
　　いものは何か。

　(2)　亜熱帯高気圧の極側から寒帯低圧帯に向かって吹き出す西寄りの風で，
　　大気の循環のうちで上記(1)の風についで規模が大きいものは何か。

　(3)　赤道付近において上記(1)の風が収束している不規則な形をした帯状の低
　　圧域は何か。

答　(1)　貿易風　　(2)　偏西風　　(3)　赤道低圧帯（赤道収斂線）

9　熱帯海域の天気

問　熱帯海域においては，一般に天気が東から西に移行するのはなぜか。

答　亜熱帯高気圧の低緯度側では東風が吹いていて，赤道偏東風という。風速
　は一般に偏西風と比べるとはるかに弱い。偏東風は上空に行くと次第に幅が
　狭くなりながら，高さ8〜10kmに達する。しかし，赤道付近では対流圏全層
　にわたる規模となっている。
　　　このため，熱帯では気象じょう乱がこの東風に流されるので天気が東から
　西に変化する。

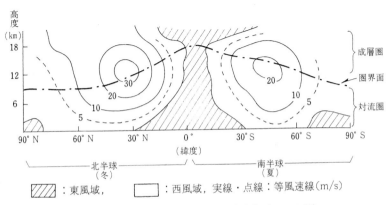

第1·10(a)図　帯状流の緯度・高度分布（12〜2月）

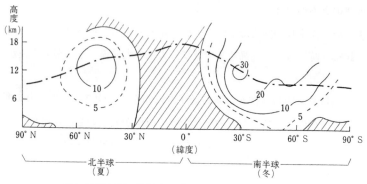

第1・10(b)図 帯状流の緯度・高度分布（6〜8月）

10 偏東風波動

問 偏東風波動とは何か。また，その気圧の谷の前面及び後面における天気を述べよ。

答 偏東風は均一に東から西へ吹くものではなく，南北へ波打ちながら吹く。この波打ちが偏東風波動と呼ばれるじょう乱で，東風より遅く平均20km/hで移動する。これが低緯度地方の天気を支配する。

　北側に亜熱帯高気圧があるので，偏東風波動の北に伸びる部分が谷にあたる。谷の西側，すなわち進行方向の前面では空気が発散し，天気が良い。これに対し谷の東側では気流が収束して雲が多く，雨が降りやすい。これから，熱帯地方では谷の通過後に天気が悪くなり，中緯度とは反対である。

　偏東風波動は台風の発生にも関係が深い。偏東風の波が発達（波打ちが大きくなる）し不安定化すると，スコールが多くなり，谷の東側の風の不連続がはっきりしてくる。そして水蒸気の潜熱が放出されて中層部が暖められる。こうして中心域の気温が上昇して対流性の渦ができる。これがさらに発達すると台風になるという考えである。

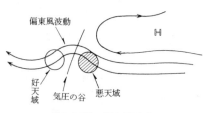

第1・11図 偏東風波動

11　貿易風逆転

問　赤道偏東風（貿易風）に関して，貿易風逆転とは，どのようなことか。

答　貿易風帯に現れる気温の逆転をいう。亜熱帯高気圧の南側を吹く，層の厚い偏東風帯では，一般に下降気流がある。このため，空気は断熱昇温して下層ほど気温が高くなる。ところが，低温の海面と接する空気層は冷やされるので，海面上2〜3kmの高度に気温の高い部分が存在することになり，逆転層が現れる。逆転層より上では空気は乾燥している。貿易風逆転は亜熱帯高気圧の南東部で顕著である。

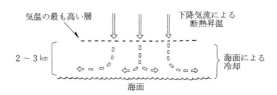

第1・12図　貿易風逆転

12　寒冷高気圧と温暖高気圧（1）

問　寒冷高気圧と温暖高気圧について述べよ。

答　地表が寒冷だと，そこに接する空気は冷やされ，冷たくて重い空気が堆積するので高気圧を形成する。ただし，この影響も下層に限られ，冷たい空気が沈降した後の上空ではむしろ低気圧域になる。したがって，寒冷高気圧は背の低い高気圧であり，高気圧の性質はせいぜい地上2〜3kmまでである。

　温暖高気圧は大気大循環の熱帯環流の中で，赤道上空から北上してくる空気が亜熱帯上空に堆積して下降気流となり高気圧を形成している。したがって，この場合は温暖で軽い空気にもかかわらず，力学的に対流圏上部から地表にまで及ぶ背の高い高気圧である。

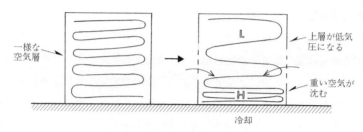

第1·13(a)図　寒冷高気圧

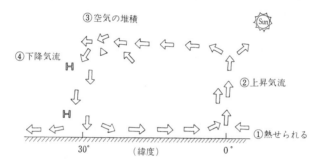

第1·13(b)図　温暖高気圧

13　寒冷高気圧と温暖高気圧（2）

問　500hPa高層天気図上では，小笠原高気圧とシベリア高気圧はどうなっているか。

答　小笠原高気圧は亜熱帯高気圧であり，温暖高気圧であるので背の高い高気圧である。一方，シベリア高気圧は寒冷高気圧で背が低い。したがって，500hPa面（地上約5,500m）の上層では，小笠原高気圧は地表と変わらずに高気圧の性質を持っているが，シベリア高気圧の上空では低気圧域になっている。

14　上層の気圧の谷と峰

問　上層天気図の谷，峰はどのようなところか。

答　上層では地表付近のようなじょう乱が少なく，はるかに単純化している。

　極付近で発達する極高気圧とかシベリア高気圧は寒冷高気圧であるため，上層では低気圧域になっている。一方，亜熱帯高圧帯，例えば北太平洋高気圧，北大西洋高気圧の上空は高気圧域になっていて，上層では高緯度上空の低圧域と亜熱帯上空の高圧域の間を偏西風が吹いている。したがって，この偏西風の流れが南に入り込んだところが低圧域の張り出しになるので気圧の谷になり，北に入り込んだところが高圧域の張り出しで気圧の峰になるのである。

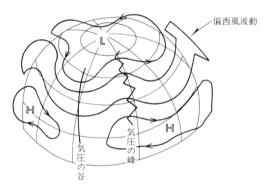

第1・14図　上層の気圧の谷と峰

　（注）　わが国では，北太平洋高気圧のことを小笠原高気圧ということが多い。

15　偏西風波動

問　偏西風波動とは何か。また，これは天気の予測上どのように利用されるか。

答　上層で，極を中心にして，西から東へ向かって吹く帯状流が偏西風である。この帯状流は直線的に吹くものではなく，南北にうねりながら移動し地球を一周している。このうねりの状態を偏西風波動という。

　中緯度では高温な低緯度と寒冷な高緯度地方にはさまれて，南北の気温傾度が大きく，温度風の関係により偏西風が吹く。偏西風は南北の温度差の大きい冬によく発達する。地表から次第に風速を増し，圏界面付近で最大風速となる。

　偏西風帯では天気の変化が激しく，天気が西から東に変わるのは高気圧や低気圧のじょう乱が偏西風に流されるからである。

　偏西風波動に注目すれば，気圧の谷の東側では気圧が低く，地上の低気圧の発達に都合がよいので悪天候と結びついている。気圧の谷の軸は地上から上空へ行くにつれて後方に傾いていて，これにより地上の低気圧が上層の気圧の谷よりもいくぶん東にずれていることがわかる。

　天気が周期的に変わるのは，上層の谷の動きの周期に支配されるから，この動きを見ることによって天気予報が可能となる。

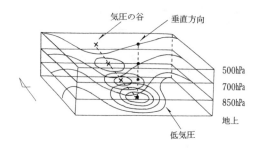

第1·15図 地上の低気圧と上層の気圧の谷

　（注） 温度風：上層では，風は気温の低い方を左手に見て等温線に平行に吹くとするもので，実際に吹いている風ではない。

16 長波と短波

問 偏西風波動における長波・短波とは何のことか。また，天気予報上，それぞれどのように利用したらよいか。

答 長波とはプラネタリ波ともいい，波長が長く6,000km以上，経度にして90〜120°であり，3〜4個の波数で地球を取り巻いている。また，振幅が大きい。1日に東へ1〜2°経度移動するが，まれに西へ進むこともある。

　短波は，波長が短く，1000〜3000kmで，7〜12の波数で地球を取り巻いている。振幅は小さく，1日に東へ10°経度くらいで移動する。

　高層天気図の500hPa面では長波と短波の重なった状態で波動が現れるから，長波と短波を分析する必要がある。短波の谷が長波の尾根に重なれば短波の谷は打ち消されてはっきりしなくなるが，その後の動きを注意していれば通りぬけた短波の谷が再び見えてくる。また逆に，短波の谷と長波の谷が重なると，谷の振幅はいっそう大きくなる。

　短い期間の予報であれば，短波の動きと気圧の谷の振幅に注目する。地上の低気圧は短波の動きにつれて，ほぼ1日に10°くらいの割合で移動するし，地上の低気圧が発達すると，短波の振幅も大きくなる。

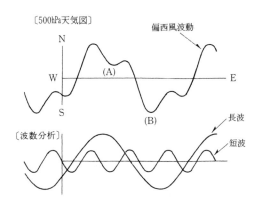

（A）点は長波の峰付近と短波の谷が重なって，弱い気圧の谷になっている。
（B）点は長波の谷付近と短波の谷が重なって，強い気圧の谷になっている。

第1・16図　長波と短波の合成による偏西風波動

　一方，長波は停滞性の波であり，長期にわたって波の動きを予測できるので，長期の予報に適している。長波の存在する位置は地理的に大体決まっていて，長波の尾根はヨーロッパ西岸，アメリカ大陸西岸，シベリア西部のように大陸の西側が多い。また，長波の谷はアジア大陸の東側，アメリカ大陸の東側に存在する。つまり日本付近は長波の谷が存在しやすいところにあたる。

17　長波の谷と冬の気候

問　長波の谷の位置が日本の冬の気候を支配するといわれるが，その理由を述べよ。

答　長波の波数が3つの場合，長波の谷は日本の東海上に存在する東谷型となる。冬は3波数が多いといわれる。この場合，日本では寒気が南下しやすく，寒い冬となる。寒気の蓄積が大きいと，寒波襲来となる。低気圧は太平洋上で発生，発達する。

　波数が4になると，長波の谷が日本の真上かそれより西に存在することになり，これを西谷型という。この場合は，大陸の方は寒いが，日本ではあまり寒気の南下は見られず，南西流の場に入る。日本は暖冬ぎみになる。低気圧は日本近海で発生，発達する。

　長波は停滞性があるので，長期にわたって付近の気候を支配することになる。

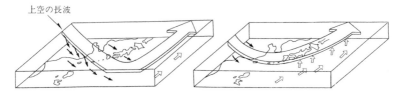

第1・17(a)図　谷が日本の東にある。日本は　　第1・17(b)図　谷が日本の西にある。
　　　　　　　寒い。白矢印(暖気)，矢印(寒気)　　　　　　　　　　日本は暖かい。

18　長波（プラネタリ波）

問　偏西風帯の長波（プラネタリ波）に関する次の問いに答えよ。

(1)　波の数及び波の速さは，通常どのくらいか。

(2)　この波のどんな部分に気圧の峰あるいは気圧の谷が形成されるか。

(3)　この波が発達すると(2)の気圧の峰及び気圧の谷はどうなるか。

(4)　この波は，地上における前線や低気圧の発生及び発達と，どのような関係があるか。

(5)　この波は，台風の進路にどのような影響を及ぼすか。

答　(1)　波数：3〜4個。波速：1日に東へ1〜2°経度移動する。

(2)　気圧の峰：波動の北に伸びた部分。

　　　気圧の谷：波動の南に伸びた部分。

(3)　長波が発達すると谷や峰が強まり，南北風が強くなる。すなわち谷の西側では寒気の南下，東側では暖気の北上が著しくなり，偏西風は弱まる。

(4)　地上における前線は長波の谷の東側の峰付近から谷にかけて，偏西風に沿っておよそ北東から南西方向に向かって発生し存在する。それに伴って地上の低気圧も谷の東側で発生しやすく，発達の条件が揃っている。長波の谷が深まれば前線，低気圧はさらに発達する。

　　　日本付近は長波の谷にあたり，低気圧の発生，通過が多いのもこのためである。

(5)　台風の進路方向に偏西風波動の長波の谷が重なると台風は谷前面の南西風に流されて向きを転じる。

　　　7，8月は長波の気圧の谷が弱く，台風の進路に影響するほど気圧の谷が南下してこない。ところが9月以後になると，小笠原気団が後退を始め，長波の気圧の谷も深くなってくる。谷の南端が低緯度に達するようになると台風の進路を支配する。台風は転向して日本を襲いやすくなる。

19　低気圧家族と偏西風波動

問　第1・18図は，冬期北極を取り巻く低気圧家族と偏西風の波動の様子を1枚の図にしたパルメン（Palmén）の模図によって示したものである。図の前線は地上の位置を，細線は500hPa面の等高線を表す。図を見て次の問いに答えよ。

(1)　長波はどのように描かれているか。また，短波はどうか。

第1・18図　低気圧家族と長波，短波（Palménによる）

(2) 北極を取り巻いてうねっている1本の太い実線は, 500hPa面の何を表したものか。

(3) 長波は, 短波と比べ次の(a)～(c)について, どんな点が違っているか。

    (a) 波長　(b) 振幅　(c) 進行速度

(4) 低気圧家族の西側と東側で, 等高線が南または北へ張り出している部分の気温は, それぞれどうか。また, 低気圧家族は, 高層の何に対応しているか。

答 (1) 等高線(細線)の振幅であり, 4つの波数で地球を取り巻いている。この振幅の上にさらに細かい振幅が見られるが, これが短波であり, 前線の中心の低気圧にその乱れがあるのがわかる。

(2) 太い実線は500hPa面の極前線の位置を示している。すなわち, 寒帯気団と熱帯気団のぶつかりあうところで温度差が大きい。

  (注)　極前線＝寒帯前線(帯)のことで, 北極前線とは異なる。

(3) **16**参照。

(4) 等高線が南へ張り出している部分は気圧の谷であり, 西側から気圧の谷に向かって冷たく重い空気が侵入している。東側では暖かい亜熱帯の気流が, 等高線の北へ張り出した気圧の峰に向かって流れている。

    長波の峰付近に最も北へ進んだ地上の低気圧があり, ここから西方の長波の谷にかけて次々と低気圧が南西方向に連なり, 低気圧家族を形成している。

20　プラネタリ波(惑星波)と気圧の谷

問　次図は, プラネタリ波(惑星波)の大きな気圧の谷が日本付近で停滞する場合の様子を, 500hPa等圧面天気図上にモデル的に, 東谷の場合を実線で, 西谷の場合を点線で描き1枚の図にして示したものである。次のa～cの場合, それぞれ日本付近

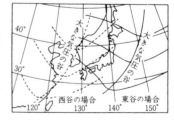

第1・19図　高層天気図と気圧の谷

の天気の特徴には，どのような一般的傾向が見られるか。

　　　　a．東谷の場合

　　　　b．西谷の場合

　　　　c．図には描いていないが，上空の流れが緯度圏に平行な帯状とな

　　　　　り，東谷とも西谷ともいえない場合

答　a．北西流による日本列島への寒気団の南下がある。そして谷の東側，太
　　平洋東方洋上で低気圧の発生と発達が見られる。

　　b．大陸の沿岸部では寒気団の南下により気温が下がるが，日本列島は南西
　　流の場となり，暖気団が北上するので温暖となる。低気圧は日本海，東シ
　　ナ海周辺で発生したり発達したりする。

　　c．等高線の下方では，地上の前線が等高線と平行に東西に横たわり，前線
　　が停滞して天気がぐずつく。また，前線付近では霧の発生を見ることがあ
　　る。

21　切離高気圧・切離低気圧

問　切離高気圧，切離低気圧とはどのような現象か。

答　上層の東西示数が小さいと偏西風が弱まって，長波の蛇行運動が大きくな
　る。そしてさらにその振幅が大きくなると，ちょうど川の流れが大きくう
　ねってそのへりに渦が分離独立するのと同じように，長波から分離した渦が
　できる。

　　この波動が北にうねって独立した渦を切離高気圧といい，南にうねって独
　立した渦を切離低気圧という。これらは一度形成されると停滞性があり，半
　月〜1ヵ月存在する。

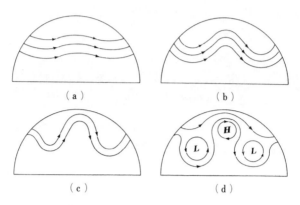

　　　　　第1・20図　切離高気圧と切離低気圧
　　　　　　　　　　長波の蛇行から分離独立する。

（**注**）　東西示数：高緯度と低緯度間の平均等圧面高度差（または平均気圧差）か
　　　ら東西風の強さを示す指数のこと。差が大きいと，上空の東西の流れが強く
　　　低気圧は順調に移動する。差が小さいと，南北流が強くなり低気圧の動きは
　　　遅く，異常気象の原因にもなる。この値は3週間～8週間の周期で変わる。

22　ブロッキング現象（1）

問　気象現象におけるブロッキング現象とは何か。またこの現象は低気圧の進
　　行にどのような影響を与えるか。

　　第1・21図　背の低い高気圧
　低気圧は比較的容易に移動できる。

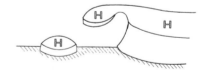

　第1・22(a)図　偏西風波動のうねりが大
　　　　　　　きくなる。

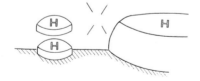

第1・22(b)図　切離高気圧ができる。

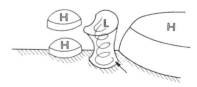

第1・22(c)図　低気圧は切離高気圧に
　　　　　　行手を妨げられる。

答　切離高気圧は，またブロッキング高気圧ともいわれる。ブロッキング（＝
Blocking）とは妨げるの意で，地上の低気圧の行手を妨げる現象である。

　　切離高気圧（ブロッキング高気圧）が前方にあると，地上を進行してきた
低気圧の運動が阻害されて進行が遅くなったり，あるいは南か北に方向を転
じてゆっくり進行するようになる。そして切離高気圧が一度形成されると持
続性があるので地上の天気はぐずつく。

23　ブロッキング現象（2）

問　ブロッキング現象の起こりやすい場所，出現時期について述べよ。

答　ブロッキング現象はヨーロッパ西岸とアメリカ西岸によく形成され，南半
球ではオーストラリアの東岸に見られる。

　　冬～春（北半球：2～4月）に多く，夏（北半球：8・9月）に少ない。

　　なお，日本付近では梅雨期のオホーツク海で見られる現象である。

24　ブロッキング高気圧

問　暖候期に，オホーツク海から中国東北地区の北方に現れるブロッキング高
　　気圧は，日本付近の天気にどんな影響を及ぼすか。

答　日本付近では梅雨期に，長波から切り離されたブロッキング高気圧がオ

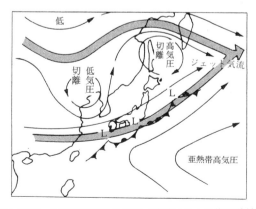

第1・23図　梅雨期の高層の気流（前線は地上の梅雨前線）

ホーツク海から中国東北地区にかけて存在する。これが，地上のオホーツク
海高気圧の上層に重なることになる。このため，本邦南岸に前線が停滞し，
前線上に発生した低気圧も進行が妨げられるのでぐずついた天気が続き，い
わゆる日本の雨期になる。そして，このブロッキング高気圧が消滅するとき
が梅雨明けとなる。

25　寒冷渦

問　上層の寒冷渦の動きを知ることが重要である理由を述べよ。

答　気圧の長波が南にうねって分離した切離低気圧は，同時に北の寒気が切り
離されてできる渦なので寒冷渦ともいう。

　寒冷渦の南東端には前線ができやすく，積雲性の雲が発達し大雨になりや
すい。梅雨末期の豪雨，冬季の日本海側の豪雪に関係するといわれる。

　切離高気圧（ブロッキング高気圧）は切離低気圧（寒冷渦）の形成に伴っ
て起こることが多い。

26　寒冷低気圧

問　寒冷低気圧とは何か。

答　上空における低気圧域内の気温が周辺に比べ低い気温分布を持つ低気圧を
いう。上層ほど低気圧性循環が顕著になることから上層寒冷低気圧であり，
寒冷低気圧に覆われると天気の成層は不安定となり，寒冷渦に伴って上昇気
流があるので悪天となる。寒冷渦ともいう。

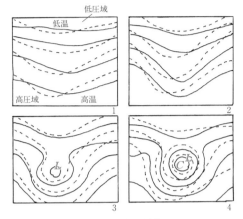

第1・24図　寒冷低気圧

1．偏西風帯を東に進む気圧の谷
2．気圧の谷が深まる
3．谷の南部分が寒冷低気圧ととして分離
4．寒冷低気圧（切離低気圧）と同時に寒気も分離して寒気渦を形成
C：寒気　L：低気圧
──：等高線　……：等温線

27　上層の寒気

問　日本近海における上層の寒気の動静は，以下とどのような関係があるか。

　　　　(1)突風の発生　　　(2)低気圧の発生

答　上層の気圧の谷の西側は北西流の場であり，寒気は気圧の谷の西方から谷に向かって南下してくる。この場合，気圧の谷が深まるほど寒気は南下しやすい。

(1)　南下してきた寒気が，地上の寒冷前線面の背後に沿って吹き下りてくると，下層の寒気よりも低温なため大気が不安定となり，対流を起こして突風が吹く。上層の寒気との温度差が大きいほど突風は強くなる。

(2)　寒気が南下すると気温傾度が増大し，長波の谷の東方で地上の前線が活発になり，低気圧が発生し，その後発達する。したがって強い寒気が観測されたら今後の動きに十分注意する必要がある。

28　ジェット気流（1）

問　ジェット気流（Jet stream）とは何か。また，存在する緯度や高度について述べよ。

答　上層の偏西風の中で，特に狭い領域に集中した西風の強流で対流圏上部または圏界面付近の地上10km前後のところに存在する。

　　亜熱帯ジェット気流と寒帯ジェット気流がある。寒帯ジェット気流は中緯度の寒冷前線に伴う気流であるが，変動が大きく定常的には見られず，亜熱帯ジェット気流と合流することが多い。

　　亜熱帯ジェット気流は定常性があり，冬は緯度30°付近，夏は北上して緯度40°付近に存在する。

29　ジェット気流（2）

問　ジェット・ストリームはどのように流れているか，その規模の大略を記せ。

答　空間的には，長さ数千km，幅数百km，厚さ数kmの広がりを持っている。

　　風速は冬が平均30～40m/sであるが，日々の値では100m/sを越えること

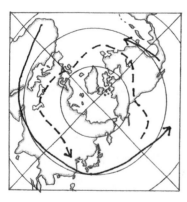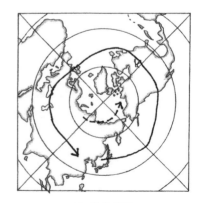

　　　　　　a）北半球冬　　　　　　　　　　b）北半球夏

第1·25図　ジェット気流

　　実線：亜熱帯ジェット気流，破線：寒帯ジェット気流
　　図の中心：北極点

も珍しくない。夏は平均15～20m/s くらいである。

　ジェット気流は一様に強い風が吹くわけではなく，大陸の東岸で強い。し
たがって日本上空は強い地帯にあたり冬は40～60m/s になる。

30　ジェット気流（3）

問　ジェット気流と気象との関係を述べよ。また，日本付近ではジェット気流
　と梅雨が関係あるといわれる。これについて述べよ。

答　偏西風波動の発達する緯度は熱帯気団と寒帯気団の境目にあたり，南北の
　気温傾度が大きい。このようなところにジェット気流が発達している。上層
　の強風域と地上の前線や低気圧とは関係が深く，ジェット気流の強風域に
　沿って地上の主要な前線が存在することが多い。この対応した前線が活発化
　すれば，低気圧が発生したり，発達がうながされる。

　　亜熱帯ジェット気流は，冬，ヒマラヤ山脈の南を走っているが，夏が近づ
　くとしだいに北上し，ヒマラヤ山脈にぶつかるようになり2分される。この
　とき，オホーツク海にブロッキング高気圧が形成され，1つのジェット気流
　はブロッキング高気圧の北を回り，1つは日本の南岸を通る。そうして，日
　本は梅雨に入り，南のジェット気流の下層が梅雨前線にあたっている。

　　ジェット気流がヒマラヤ山脈の北に移ると，分流したジェット気流も1本
　になり，ブロッキング高気圧も消滅して梅雨が明けるといわれている。（第
　1・23図参照。）

第2章　高層天気図

1　高層天気図の重要性

問　地上天気図に加え，高層天気図が重要である理由を述べよ。

答　地上で生活する人間にとって，地表の気象状態を表した地上天気図が最も重要であることは当然である。ただ，これは気象の一面しか見ていない。気象現象は地上〜圏界面までの対流圏における大気の運動であれば，大気の動きを立体的にとらえる必要がある。そのため上層の代表的な気圧値を選び，目的に応じた数種類の高層天気図が用意されている。

例えば，地上天気図では地形や日射，放射などの影響が大きいから，気団解析や前線解析などが行えないが，エマグラムを使って温位解析（気団解析）や相当温位解析（前線解析）をすることによって高層気象との関わりがわかる。

> **(注)**　温位：大気中の温度 T，気圧 p の気塊を乾燥断熱的に1,000hPa面まで移動したときの気塊の温度。高さ（気圧）が異なる状態で気温の比較をしても，その差から大気の性質の本当の違いはわからない。なぜなら，高さの違いから断熱圧縮や膨張で温度変化が起きているからである。したがって，両者の気温比較では異なっていても，両者の温位をとることによって，温位が等しければ両者は同じ性質の空気ということがわかる。いいかえれば，降水を伴わない気団の特性を示す量である。

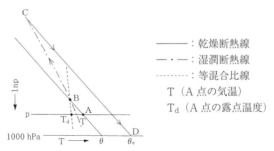

第2·1図　空気の断熱変化と温位 θ, 相当温位 θ_e

　　相当温位：空気塊を乾燥断熱線に沿って持ち上げ，凝結高度からは水蒸気がすべて落下するまで湿潤断熱線に沿って持ち上げる。次に乾燥断熱線に沿って1,000hPaまで下ろしたときの温度。相当温位は雲が発生して上昇運動する場合とか雲中の水滴が蒸発するような，凝結と蒸発の現象を伴っても保存量（変らない量）となる。前線解析に最も多く利用される。

　　1,000hPa面：地上でも出現する値だが，標準状態では地上約100mの高さと思えばわかりやすい。

2　上層気象観測

問　上層気象観測が，温帯低気圧，熱帯低気圧の発生及び移動を予報する上に必要である理由について知るところを述べよ。

答　地上は，地形や山岳，あるいは熱や摩擦の影響などによって空気が乱され小規模じょう乱のメソ β・γ スケール（積雲対流，雷雨，竜巻）や中規模じょう乱のメソ α スケール（メソ高気圧，メソ低気圧）が発生しやすい。このため，規模の大きい高気圧や低気圧あるいは台風などの発生や移動を予報する場合，これらの現象にまどわされて適確に把握できないことが多い。

　　それに対し，上層ではこのような乱れはなく，均一である。気圧系の動きもゆっくりで，その動きを長期間にわたって追えるし，予報することもできる。そして，上層の大気の状態と下層とは密接な関係があることがわかっているので，上層気象観測による高層天気図を利用することによって，温帯低気圧，熱帯低気圧の発生や移動の予報が可能となる。

　上層気象観測の充実に伴って，最近では，週間予報，1ヵ月予報，3ヵ月
予報と非常に長い期間の長期予報が行われるようになっている。

　　(注)　大気の現象を空間スケールと時間スケールで大中小のマクロ（macro-），
　　　メソ（meso-），ミクロ（micro-）に分けている。

　　　　マクロスケール現象は大気の大規模現象をいう。水平規模2000km以上で天
　　　気図に表されるふつうの移動性の高気圧，低気圧（マクロ β-）の大きさで，
　　　毎日の天気変化に関係している。寿命は2〜7日くらいの現象である。

　　　　メソスケール現象は大気現象の中規模現象をいう。

　　　水平規模は

$$\begin{cases} \text{メソ } \alpha \text{ スケール} & 200\text{km}\sim 2{,}000\text{km} \\ \text{メソ } \beta \text{ スケール} & 20\text{km}\sim\ 200\text{km} \\ \text{メソ } \gamma \text{ スケール} & 2\text{km}\sim\ 20\text{km} \end{cases}$$

　　　で寿命は1，2日〜数十分くらいの現象で，局地的な天気予報上重要である。

　　　　ミクロスケール現象は大気現象の小規模現象をいう。規模は2km以下，時
　　　間は数十分以下。積乱雲の解析上重要である。

3　等圧面天気図

問　高層天気図において等圧面天気図の種類と高度を述べよ。

　　また，等圧面天気図は一般に，どのように利用されるか。

答　(1)　850hPa 等圧面天気図

　　大体，地上1,500mあたりの気象状態を示す。山でいえば，天塩岳，丹
沢山，大台ヶ原山の頂上に近い高さで経験できる気象である。

　　地上に近いので，地上天気図では判定し難い前線の解析，気団の解析に
利用したり，あるいは下層の風系の発散や収斂を調べるのに用いられる。

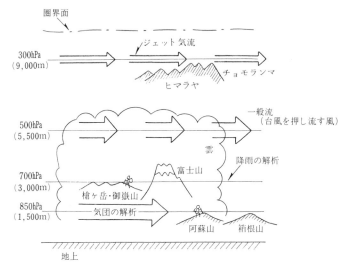

第2・2図　高層天気図と高度

(2)　700hPa 等圧面天気図

　　大体，地上3,000ｍあたりの気象状態を示す。ちょうど北アルプス山頂
　くらいの高さに相当するので山の気象にもよく利用される。この高さは一
　般に中層雲を形成する高さで，地上の降水現象を判断するのに使われる。
　また，地上の低気圧の発生・発達の予報や，次の500hPa 面天気図の補助
　として使われる。

(3)　500hPa 等圧面天気図

　　大体，地上5,500ｍあたりの気象状態を示す。この高さは標準気圧
　（1013hPa）を考えて見ればわかるように，大気圧がおよそ半分になると
　ころであり，また，対流圏の高さ（およそ，地上12km）の半分の高さでも
　ある。したがって，500hPa 面は大気の平均構造を代表するところであり，
　最もよく使われる天気図である。

　　上層寒気の強さをみたり，気圧の谷の移動や深まりから地上の低気圧の
　発生や発達の予報に利用する。さらに，大気の水平循環を判断するのに重
　要で，台風や発達した低気圧を押し流す一般流を解析し，それぞれの移動

方向や速度の予報に使われる。

(4)　300hPa 等圧面天気図

　　大体，地上9,000mあたりの気象状態を示す。この高度は対流圏の上部
　　にあたり，ジェット・ストリームと圏界面の解析に使われる。

4　等高線（1）

問　高層天気図ではなぜ等圧線の代わりに等高線が使われるか。

答　地上天気図は「等高度面天気図」であり，われわれが生活している地表面
　上の，一定高度における天気現象を表し，気圧を観測しているので，等圧線
　で描かれる。

　　これに対し，高層天気図では一定気圧値の各地における高度を求め，高度
　の等しい点を連ねた等高線で描かれている。高層天気図が「等圧面天気図」
　といわれる理由である。なぜ，慣れ親しんでいる等高度面天気図（あるいは
　等圧線）を使わないで，等圧面天気図（あるいは等高線）を使用するのか，
　理由の概略は次のとおりである。

(1)　ラジオゾンデ観測する場合，ある高度の気圧を求めるよりも，ある気圧
　　の高度を求める方がやりやすい。

(2)　等圧面上の等温線は，同時に等温位線でもある（値は異なる）。した
　　がって，等温位線（この場合等温線）の変動を追跡することによって気団
　　の動きを調べることができる。

(3)　地衡風を求めるのに，上層では観測の難しい空気の密度を等圧面の場合
　　は考えなくてよい。

　　等圧面（高層天気図）による地衡風式

$$V = -\frac{g}{f} \cdot \frac{\varDelta Z}{\varDelta n}$$

$\left[\begin{array}{l} V：地衡風，\ g：地球重力の加速度，\ f：コリオリ因子\ (f = 2\,\omega\sin\varphi)\\ \quad \omega：地球自転の角速度，\ \varphi：緯度\\ \varDelta Z：等圧面上の 2 点間の高度差\\ \varDelta n：等圧面上の 2 点間の距離 \end{array}\right]$

等高面（地上天気図）による地衡風式

$$V = -\frac{1}{\rho f}\cdot\frac{\varDelta P}{\varDelta x}$$

$\left(\begin{array}{l} \rho：空気の密度，\ \varDelta P：等高面上の 2 点間の気圧差，\\ \varDelta x：等高面上の 2 点間の距離 \end{array}\right)$

地上天気図では，空気の密度を考える必要がある。

(4) 天気図の見方として，等圧線と同じように等高線を見ることができる。
例えば，気圧の高いところが高気圧であるように，高度の高いところが高
気圧である。

> **(注)** ラジオゾンテ：気球に吊り下げて浮揚させ，上層の気圧，気温，湿度など
> を測定する器械。データは一緒に取り付けられている小型無線送信器から送
> られてくる。

5　等高線（2）

問　気圧と同じように，等高線で高度の高いところが高気圧，低いところが低
気圧になるのはなぜか。

答　今，地上天気図（平面図）の垂直断面図を考える。気圧は上空に行くに
従って低くなることはわかっているが，低気圧の上空では気圧の下がりが大
きい。一方，高気圧の上空では地表面の気圧が高いので，気圧の下がりも小
さい。そこで，ある一定の気圧の高度を見た場合に，低気圧上空では高度が
低く，高気圧上空では高度が高いことがわかる。

　あるいは逆に，高度を一定にしてこれらの気圧を比較してみると，一定気
圧の高度が高いところでは気圧が高く，高度の低いところでは気圧が低いこ
とがわかる。

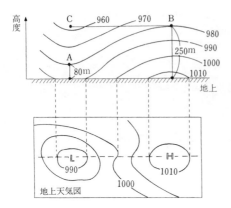

同じ980hPaで，低気圧域のA点は80
m，高気圧域のB点は250mと高い。
同じ高度のB，C点の気圧は，低気圧
域のC点は957hPa，高気圧域のB点は
980hPaと高い。

第2・3図　等高線の見方

6　高層天気図の記入型式

問　高層天気図にはどのようなことが記入されているか。

答　(1)　記入の要素

　　記入法は地上天気図の国際法に準拠して，風向，風速，気温，湿数（気温と露点温度の差）が記入される。

　　温度は，氷点下のときは，－（マイナス）をつける。

(2)　等高線が実線で，等温線が点線で引かれる。その他，寒域（C），暖域（W），高気圧，低気圧，熱帯低気圧，台風が必要に応じて記入される。

風向：北西
風速：55kt
気温：－28℃　露点温度：－41℃

第2・4図　高層天気図記入型式

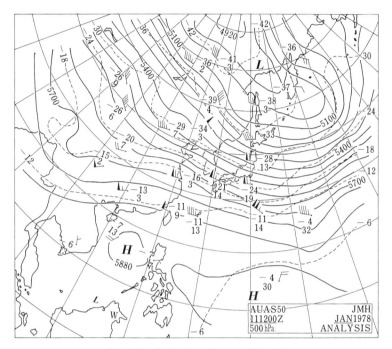

第2・5図　高層天気図（500hPa 等圧面）

7　等高線と等温線

問　等高度線（等高線）の間隔，等温線の間隔は，それぞれ何メートル毎，何℃毎に描かれているか。

答　等高線は850hPa 面，700hPa 面，500hPa 面が60m 毎に，300hPa 面が120m 毎に引かれる。等温線は6℃毎で，必要に応じて3℃毎に引く。300hPa 面では数値で表示する。

8　風と等高線

問　風と等高線との関係を述べよ。

答　(1)　上層風は摩擦の影響が少なく，地衡風に近い。したがって，等高線は風向とほぼ平行になっている。等高線と風の流線がほぼ一致する。

(2)　等高線間隔が狭くなるほど風が強く，同じ等高線間隔であれば低緯度ほど風が強い。

(3)　等高線が南に向かうところは北西流の場であり，寒気が流入し，北に向かうところは南西流の場で暖気が流入する。

　(注)　地上約1,000m以上では地衡風に近いといわれる。

9　高層天気図の実線と破線

問　高層天気図に描かれている実線と破線は何か。

答　実線—等高線，破線—等温線

10　等圧面天気図（1）

問　高層天気図における等圧面天気図について，下の問いに答えよ。

　　（a）850hPa　　（b）700hPa　　（c）500hPa　　（d）300hPa

(1)　（a）～（d）は，それぞれ標準大気で，およそどのくらいの高さに位置するか。

(2)　（a）～（d）の天気図上の等高線（等高度線）の間隔は，それぞれ普通何メートル毎に描かれているか。

(3)　各等圧面図には，高度のほかにどんな要素が記入されているか。

(4)　（c）は，一般にどんなことに利用されるか。

答　(1)　（a）1,500m，（b）3,000m，（c）5,500m，（d）9,000m

　　(2)　（a），（b），（c）→60m毎，（d）120m毎

　　(3)　**6** 参照

　　(4)　**3** 参照

11　等圧面天気図（2）

問　高層天気図における次の等圧面天気図について，下の問いに答えよ。

　　（a）850hPa　　（b）700hPa　　（c）500hPa　　（d）300hPa

(1)　地上からの高度の最も低い天気図は，（a）～（d）のうちどれか。

(2)　偏西風の大きな波動のみが現れ，ジェット気流の解析に便利な天気図は（a）〜（d）のうちどれか。

(3)　それぞれの天気図は主に何を調べるのに役立つか。

(4)　（c）でトラフ（trough）及びリッヂ（ridge）はどのように描かれているか。また地上の強い低気圧・高気圧は，それぞれ（c）のどこに対応しているか。

答　(1)　（a）

(2)　（d）

　　高層天気図の500hPa面では長波と短波の重なった状態で波動が現れている。これよりも高度が高くなると長波の性質が，高度が低くなると短波の性質がはっきりしてくる。したがって，長波の性質をよく知るには300hPa面に，短波の性質をよく知るには700hPa面に注目するとよい。

(3)　**3**参照

(4)　トラフは等高線が南に伸び出した部分である。図上で特に示す場合は太い実線で表す。

　　リッヂは等高線が北に伸び出した部分である。図上で示す場合は波線（ナミ）で表す。

12　等圧面天気図（3）

問　高層天気図に関する次の問いに答えよ。

(1)　天気予報上，どのような利用価値があるか1例をあげよ。

(2)　何hPaの等圧面天気図があるか，種類を1つあげよ。

(3)　図上で等高度線の高度が低いところは，何に該当するか。

(4)　等高度線に対して，上層の風はほぼ平行に吹くが，なぜか。

答　(1)　**3**参照

(2)　**3**参照

(3)　**5**参照

(4)　**8**参照

13　500hPa 等圧面天気図（1）

問　右図は，12月初めの北半球500hPa
等圧面天気図の一部を示したもので
ある。

(1)　一般に，この天気図は，どのよ
うに利用されるか。

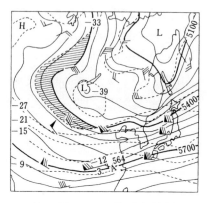

(2)　図のA点（500hPa面上）にお
ける次のア〜エは，それぞれいく
らか。

　ア．風速　　　　イ．気温

　ウ．等圧面高度　　　エ．気温と露点温度の差

第2·6図　500hPa 等圧面天気図

(3)　図の斜線の部分（等高線と等温線の交わっている部分）に着目すると，
どんな現象を予想できるか。

答　(1)　天気図を連続してとれば，長波に重なる短波の動きが見えてくる。こ
れは1日にほぼ10°経度で動き，36日で地球を1周する勘定になる。した
がって，はるか西方にある気圧系をとらえて今後のその地における天気を
予測することができる。たとえば，バイカル湖上に短波の気圧の谷があれ
ば，4日後には日本上空にくることが予想できるので，天気の崩れ，ある
いは低気圧の発生・発達が予想できる。

　また，長波の状態に注目すれば，これはほとんど停滞性であるので，よ
り周期の長い変動が予測できる。これによって谷の深まりや位置を予測
し，天気の持続性や周期性を調べたりする。このように，短波は週間予報
に，長波は1ヵ月以上の長期予報に利用される。

(2)　ア．75kt，　イ．$-12℃$，　ウ．5,640m，　エ．3℃

　したがって，露点温度は$-15℃$である。

(3)　等高線と等温線の交わりが比較的大きく，斜線の部分の寒気が南下する
ことが予想できる。現在，大陸の東部がゆるやかな気圧の谷になってお
り，日本は谷の東側にあたる。このため，大陸の東側に寒気が南下してき

て，日本付近で低気圧を発生させることも考えられる。今のところ，気圧の谷は深くないが，北極から樺太に伸びる大きな気圧の谷があるので，今後日本付近で気圧が深まるかもしれない。そのときは，発生した低気圧の発達も見込まれるので今後の動きに注意する必要がある。

14　500hPa等圧面天気図（2）

問　第2・7図は，500hPa等圧面天気図の一例を示す。これについて，次の問いに答えよ。

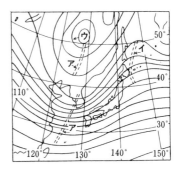

第2·7図　500hPa 等圧面天気図

(1) この天気図は一般にどのように利用されるか。

(2) 図の等圧面の高度は平均何kmか。

(3) アとイの部分は何と呼ばれているか。

(4) 高層の暖気でできている部分はどこか。

(5) アは，地上の何に対応しているか。

(6) ウの等高線の高度は，他に比べて，〔（a）高い，（b）低い，（c）同じ〕のうちどれか。

(7) 寒冷渦と呼ばれるところは，どこか。また，その特徴を1つあげよ。

答　(1)　**3**参照

(2)　平均5.5km

(3)　ア．気圧の谷，イ．気圧の峰

(4)　イの部分

(5)　顕著低気圧の発生・発達

(6)　（b）

(7)　ウ．第1章**25**参照

15　500hPa 等圧面天気図（3）

問　右図は北半球での500hPa 等圧面
　　天気図の一例を示す。次の問いに答
　　えよ。

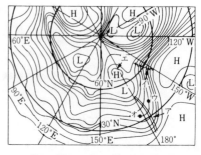

第2・8図　500hPa 等圧面天気図

　(1)　この等圧面は，次のどの高さに
　　　位置するか，記号で示せ。

　　　（a）対流圏下部　（b）対流圏中部

　　　（c）対流圏上部　（d）成層圏下部

　(2)　アとイは，何と呼ばれているか。

　(3)　ウの付近での偏西風の波の性質は，普通次の文の｜　｜内のどれにあた
　　　るか，記号で示せ。

　　　①　偏西風は $\left\{\begin{array}{ll} a & 南西風 \\ b & 北西風 \\ c & 北東風 \end{array}\right\}$ となっている。

　　　②　気温はオの付近に比べて $\left\{\begin{array}{ll} d & 冷たい \\ e & 暖かい \\ f & 等しい \end{array}\right\}$ 。

　　　③　水蒸気量は $\left\{\begin{array}{ll} g & 全くない \\ h & 少ない \\ i & 多い \end{array}\right\}$ 。

　　　④　気流は $\left\{\begin{array}{ll} j & 発散域になっている \\ k & 収束域になっている \\ l & 発散，収束が起こらない \end{array}\right\}$ 。

　(4)　エ（高気圧の渦）を何というか。

　(5)　エが発達して停滞すると，地上の移動性高気圧や低気圧の進路にどんな
　　　影響を与えるか。

答　(1)　b

　(2)　ア：気圧の谷，　イ：気圧の峰

　(3)　①　a

　　　②　e

③　i，低気圧や前線に伴う上昇気流の上部に相当し，水蒸気が運ばれ
てくる。

④　j，地表付近で収束した気流が，上層ウの付近で発散する。

(4)　切離高気圧（＝ブロッキング高気圧）

(5)　第1章22参照

第3章　高層天気図と天気予報

1　気圧の谷と天気

問　上層の気圧の谷（Trough）と地上の天気との関係について知るところを述べよ。

答　1　上層の気圧の谷の東側で地上の低気圧は発生・発達する。

2　上層の気圧の谷の西側で地上の高気圧は発達する。

3　上層の気圧の谷が深まれば，地上の低気圧も発達する

4　上層の気圧の谷の西側は北西流の場で寒気が南下する。東側は南西流の場で暖気が北上する。低温の寒気が南下してくれば，地上の低気圧は発達する。

5　上層の気圧の谷の移動周期を知ること。その季節に応じて一定の周期で気圧の谷が接近・通過して行くので，天気の周期もそれに応じて変化する。たとえば，移動周期によって7日周期（冬に多い）とか4日周期（春に多い）の天気変化を知ることができる。

2　高層天気図と地上天気図（1）

問　高層天気図（主として500hPa，または700hPa等圧面天気図）を地上天気図と対照して，次の(1)〜(3)を予測する場合，高層天気図のどんな点に注目して見るか。

(1)　地上低気圧の発生の可能性及び発生する場合の位置

(2)　地上低気圧の発生が予想されるものとしてその発達の可能性

(3)　地上低気圧の進行方向

答　(1)　低気圧の発生は，地上の前線が波をうって，前線の南からは暖気が北

に流れこみ，北からは寒気が南へ向かって流れこむことで起こる。そこで低気圧の発生は前線の波動といわれる。

　上層との関係では，上層の強風軸が上層の前線帯にあたり，地上の前線帯はこれのやや南側に存在するものである。

　低気圧の発生は，地上の前線帯に上層の気圧の谷が接近してくることであり，上層の気圧の谷には冷たい空気が存在している。気圧の谷の接近に伴って，寒気が前線帯西側で下降流となると，東側下層では暖気が上昇させられるようになる。こうした，上層寒気の下降流と下層暖気の上昇流によって空気は回転を始め，低気圧が発生する。

　この位置は上層強風軸の南～南東側で起こる。

(2)　発生した低気圧は，上層寒気が低温なほど発達しやすい。寒気の流入の模様は上層の等高線と等温線の交角から知ることができる。

　低気圧が発達すると中心気圧が下がり，上昇流が強くなる。

　上層の気圧の谷が一層接近すると，寒気と暖気の不連続が強くなり低気圧は発達する。

　やがて，上層の気圧の谷と地上の低気圧が並ぶと，閉塞が始まり，この頃が低気圧の最盛期に相当する。上層の強風軸の真下にあたる。

　その後，上層の気圧の谷の西側に地上の低気圧が位置するようになると，低気圧の上空に寒気があふれ低気圧は衰弱していく。

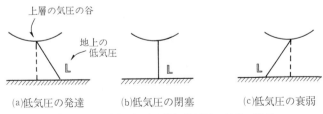

(a)低気圧の発達　　(b)低気圧の閉塞　　(c)低気圧の衰弱
第3・1図　上層の気圧の谷と低気圧の軸線の関係

(3)　背の低い低気圧では700hPa面の等高線から，発達した低気圧の場合は500hpa面の等高線から，低気圧を押し流す風を代表させることができる。

　　上層の風が南北流型であれば，移動も遅く，北東から北の方へ進む。この
　場合，切離高気圧の発生に注意し，もし前方に存在するようであれば低気
　圧は停滞し，ゆっくり向きを変える。上層の風が東西流型であれば，低気
　圧の移動も順調で西から東へ東進，もしくは北東進する。
　　　具体的には等高線の走向に沿って進行する。
　　　また，上層の気圧の谷（短波）と共に1日約10°経度くらいで移動する。

3　高層天気図と地上天気図（2）

問　第3・2図の〔A〕は，地上天気図の一部を模型化したもので，〔B〕は，こ
　のときの高層天気図の変化を示したものである。次の問いに答えよ。

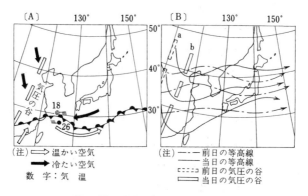

第3・2図　地上天気図と高層天気図

(1)　〔A〕図を見ると東シナ海に低気圧の発生が予想されるが，その根拠を
　述べよ。

(2)　〔B〕図を見ると，〔A〕図における低気圧発生の予想をさらに確度の高
　いものにすることができるが，その判断の根拠を述べよ。

答　(1)　地上天気図を見ると，東シナ海の前線をはさんで北側では東寄りの風
　が吹いて，気温が18℃，一方，前線の南側では南西風で気温が26℃であ
　る。距離が近いにもかかわらずこの気温差は北に寒気，南に暖気が流入し
　ているのは明らかで，しかも空気が収斂している。さらに，大陸の東側は

気圧の谷になっていて，東シナ海に低気圧が発生するのは間違いない。

(2) 前日までは，大陸の内部にあった上層の気圧の谷が，当日は大陸の東岸
　に進み，東シナ海はこの気圧の谷の東側に入ったこと，さらに気圧の谷が
　前日よりも当日はさらに強まっていることから，低気圧は発生した後，発
　達しながら北東進することが予想できる。

4　上層の気圧の谷・峰と地上の高・低気圧

問　上層の気圧の谷及び峰と地上の高気圧及び低気圧との概略の位置関係を記
　せ。

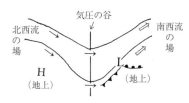

a) 平面図・上空の等高線

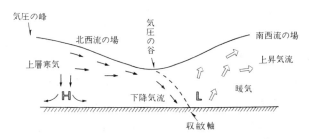

b) 断面図

第3・3図　上層の気圧の谷と低気圧の関係

答　上層の気圧の谷の前面（東側）では相対的に暖かい空気の上昇があり，後
　面では相対的に冷たい空気の下降が起こっている。これに伴って，気圧の谷
　の前面の下側に地上の低気圧が対応していると低気圧の発達には都合がよい。
　これを等高線（等圧線）でみると，地上の気圧の谷は上空に行くに従い，西
　にずれている。また，地上の渦巻き状の等圧線も上空ほど単純になっている。

　同じく，高気圧について考えれば，上層の気圧の峰の前面（東側）では相対的に冷たい空気の下降が起こり，後面（西側）では相対的に暖かい空気の上昇が起こっている。このため，高気圧は気圧の峰の前面の下側に対応しているときが，高気圧は発達する。等圧線の関係は低気圧と同じように，気圧の峰が上空に行くに従い，西にずれている。

5　低気圧の発生・発達

問　次の文は，一般的な低気圧の発生及び発達の条件についてその一部を列挙したものであるが，□内に適合する語を記せ。

(1)　ジェット気流の右側に発生し，ジェットの出口の□側に進めば発達する。

(2)　高層の谷の□側で発達しやすい。

答　(1)　左（側）　　(2)　東（側）

6　ジェット気流と前線

問　ジェット気流と地上の前線との関係について述べよ。

答　寒帯前線ジェット気流は，寒気と暖気が接した等温線の混んだ場所に形成される。ここをはさんで水平気温傾度が大きくなり，強い温度風が吹く状態がジェット気流

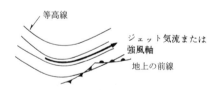

第3・4図　ジェット気流と地上の前線

といわれる。この温度傾度が地表の寒帯前線に対応し，ジェット気流の下方南側に地上の前線が存在することが多い。ジェット気流に限らず，上層の強風軸の下方に，地上の前線が対応するものである。

7　ジェット気流と低気圧

問　ジェット気流と地上の低気圧の関係について述べよ。

(a)低気圧の発生　　　　(b)低気圧の発達　　　　(c)低気圧の閉塞

第3・5図　ジェット気流・上層気圧の谷と低気圧

答　ジェット気流の存在が地上の低気圧の発達に大いに関係していることが知られている。これは，ジェット気流付近の強い風速シアーのため，波長が短く，周期の短い乱れが発生して波状の渦ができ，低気圧が発生する。

　発生はジェット気流強風軸の南～南東側で起こる。低気圧は発達しながら，ジェット気流の下方に接近してくる。そして，閉塞前線ができはじめる最盛期には，中心はジェット気流の北側に移り，ジェット気流の真下が閉塞点に対応する。

8　高層天気図と低気圧

問　右図は，冬季日本海に発生した地上低気圧が東に進むにつれて発達するときの高層天気図の一例を示す。次の問いに答えよ。

(1)　これは，何 hPa 等圧面天気図を示すか。

(2)　図のア（実線），イ（破線），ウ（太い実線）は，それぞれ何と呼ばれているか。

(3)　普通，等圧面天気図には，(2)のア，イ，ウ以外に何が記入されているか。3つあげよ。

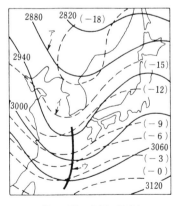

第3・6図　高層天気図

(4)　地上低気圧の次の(a)～(c)を知るには，この天気図の何に着目すればよいか。

　　　(a)　発生位置　　　(b)　進路　　　(c)　発達する場合

　(5)　等圧面天気図には，このほかどんな種類のものがあるか，3つあげよ。

答　(1)　700hPa面

　(2)　ア．等高線，　　イ．等温線，　　ウ．気圧の谷

　(3)　第2章 **6** 参照。

　(4)　(a)　気圧の谷の東側。

　　　(b)　等高線に沿う流線。

　　　(c)　気圧の谷の深まり，等温線と気圧の谷の交わり。

　(5)　850hPa面，500hPa面，300hPa面。

9　低気圧の移動・発達

問　温帯低気圧の移動，発達等に関し，次の問いに答えよ。

　(1)　発生初期の若い低気圧の進行方向と進行速度は，その低気圧の形状や風速等により一般にどのように予測することができるか。

　(2)　500hPa（又は，700hPa）高層天気図の等高線や風速は，地上低気圧の進行方向と進行速度を予測するため，どのように利用されるか。

　(3)　北半球において，500hPa高層天気図の気圧の谷が，この谷に対応する地上低気圧の西側にあってその谷が深い場合，この地上低気圧は発達するかどうか。

　(4)　地上低気圧の真上に上層の低気圧がある場合は，地上低気圧の進行速度は，速くなるか，遅くなるか。

答　(1)　発達期の低気圧では，暖域の等圧線がほぼ直線状で，低気圧の中心はおよそ暖域の等圧線に平行に移動する。楕円形であれば，その長軸の方向に進む。また，速度は暖域の風速で進む。

　(2)　地上低気圧は500hPa面の等高線に沿って移動する。移動速度は等高線が混んでいるほど早い。

　　　移動速度の目安として，低気圧はその付近の500hPa面の風速の30～50％の速さで移動する。

　(3)　発達する。

(4)　遅くなる。

　　地上低気圧の位置が500hPa面低気圧域の閉じた等高線内にあるとき，あるいはその近くにあるときは，低気圧はほとんど移動しないで次第に衰弱する。

10　上層の気圧の谷と低気圧の発生・発達

問　地上低気圧の発生，発達は上層の気圧の谷の強弱に左右されるが，右図はこの谷の強弱を説明するためのモデル図の一例である。次の問いに答えよ。

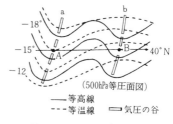

(500hPa等圧面図)

　　　　——等高線
　　　　----等温線
　　　　▭気圧の谷

第3・7図　上層の気圧の谷

(1)　a，b，2つの気圧の谷のうち，どちらに低気圧は発生しやすいか，また，両方に低気圧が発生した場合，どちらの方が発達しやすいか，判断の根拠を付して答えよ。

(2)　(1)の谷に対応する地上の低気圧の位置は，どの付近になるか。

答　(1)　図のA点，B点に注目すると，両地点とも同緯度（40°N）にあるが，A点の気温は−18℃，B点の気温は−14℃でA点の方が4℃気温が低い。

　　これはaにおける気圧の谷では気流がスムーズに流れて寒気がたまった状態であり，寒冷な谷という。一方，bの気圧の谷では相対的に温暖な空気におおわれているわけで，これを温暖な谷という。温暖な谷では大気の安定・不安定の理論，あるいは低気圧発達の過程からみて発達は望めず，谷はしだいに浅くなり，低気圧は発生しても規模は小さく，間もなく衰弱してしまう。寒冷な谷の場合は，後面からの寒気の流入と前面からの暖気の流入があるわけで，低気圧も発達しやすいといえる。このaの場合は，次の問11でわかるように低気圧と谷の関係において，発達の最終段階に来ているものである。したがって，aにおいてこれまでに発達してきた低気圧は今後閉塞から衰弱に向かうが，上層寒気の流入があれば低気圧が再び発生し，発達する場合もある。しかし，bにおいては起こらない。

(2)　気圧の谷の東側。

11　等高線と等温線の谷

問　等高線の気圧の谷に対し，等温線の谷が西側にあると低気圧は発達する。それはなぜか。

答　図からも，気温の西谷では等高線に沿って気圧の谷の西側から寒気が南下し，東側では暖気が北上する。この結果，低気圧は発達しやがて寒気のたまった谷になる。

　一方，気温が東谷の場合では反対に，気圧の谷の西側から暖気が移流し，気圧の谷は暖気で埋まってしまい，低気圧は衰弱しやがて暖気のたまった谷になる。

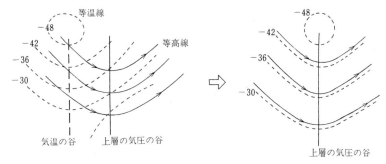

(a)気温の谷が西にある場合。　　(b)やがて寒気のたまった谷となる。

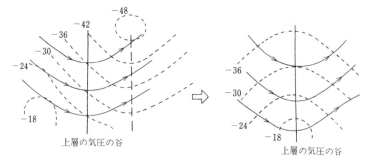

(c)気温の谷が東にある場合。　　(d)やがて暖気のたまった谷となる。

第3·8図　気圧の谷と気温の谷

12　上層の気圧の谷と台風の進路

問　上層のトラフが，日本近海に来襲する台風の進路に及ぼす影響について説明せよ。

答　盛夏の頃は，小笠原高気圧が強く張り出しているので，上層の偏西風波動の気圧の谷も弱く，進路に影響するのは台風がはるかに西進した日本海や大陸東岸に達してからである。

　秋になると，小笠原高気圧も弱まり，上層の偏西風も強くなり，同時にトラフ（気圧の谷）も深くなって日本の西岸まで南下する。北上してきた台風は，上層の谷に吸いこまれて向きを変え，偏西風の流れにのって北東進するようになる。

　つまり，台風は背の高い渦巻きが移動して行くものであり，台風の進路を左右するのは上空の一般流である。低緯度にいるときは，背の高い小笠原高気圧のもたらす偏東風に流されるが，中緯度にくると偏西風の影響を受けるようになる。この際，偏東風の領域から偏西風の領域に乗せる役をするのが上層のトラフである。

13　高層天気図と台風の進路

問　台風の進路に関し，高層天気図の利用法を述べよ。

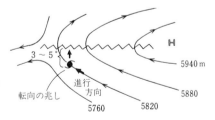

第3・9図　500hPa面と台風の進路

答　1　台風を移動させる一般流を探すのに500hPa等圧面天気図を利用する。しかし，非常に背の高い台風では300hPa等圧面天気図の方が有効なときがある。

2　台風は亜熱帯高気圧の周辺を進む傾向がある。

3　台風の転向には，上層の気圧の谷に注意する。

4　500hPa等圧面天気図上で5,820〜5,860mの等高線に沿って進む傾向があり，東西に伸びる気圧の峰の南3〜5°緯度で転向しやすい。

14 台風の移動

問 台風の運動には持続性があるので，通常，12時間ぐらいの進路を予想する場合は，(ア)□□によればよい。台風は(イ)□□に流される。また，(ウ)□□の周りを特定の等圧線に沿って進む傾向がある。500hPa天気図の東西にのびるリッヂラインの南方，3〜5°（緯度幅）付近で転向しやすく，転向後(エ)□□に入ると加速する。台風の前面に寒域が現れると停滞するか(オ)□□する。気圧の(カ)□□区域に向かって進む傾向がある。

答 (ア) 外挿法， (イ) 一般流， (ウ) 小笠原高気圧， (エ) 偏西風帯
(オ) 転向， (カ) 下降

15 船体着氷

問 高層天気図から，船体着氷を予想する方法について述べよ。

答 上空の寒気が海面に降りてくることによって船体着氷が促進される。冬の発達した低気圧の寒冷前線の背後に上層の寒気がはんらんすることで，第二次，第三次の寒冷前線のできるようなときは注意しなくてはならない。

高層天気図では，500hPa面で−45℃以下，700hPa面で−28℃以下，850hPa面で−18℃以下の大気が冬の低気圧の南西域にあると，激しい着氷現象が予想できる。

なお，北海道の各気象台では，海上で気温が−5℃以下，水温4℃以下，風速8m/s以上のとき，船体着氷注意報が出される。

16 層厚天気図

問 層厚天気図は，どのような目安を知るための天気図か。

答 1 厚い大気層の層全体を代表する温度を表すのに便利である。

2 まず2つの等圧面天気図の間

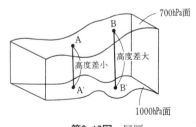

第3·10図 層厚
AA´ より BB´ の方が気温が高い。

の高度差をとる。

3　2つの等圧面の間の気温が高いと高度差（層厚）が大きい。

4　たとえば，1,000hPa と700hPa の層厚は，100mの差が約0.65℃の差になる。

5　層厚から等層厚線を引く。

6　等層厚線は等温線の分布を表している。

7　これから，寒気と暖気の分布がわかる。この分布から温度風を求め，寒気・暖気の移動の模様を知ることができる。

8　このことは，さらに高気圧・低気圧の移動や発達に関係している。

　(注)　温度風：

　　(1)　温度風は高温部を右に見て吹く。

　　(2)　温度風は実際に吹いている風ではない。

　　(3)　下の面の風に温度風をベクトル的に加えると，上の面の風が求まる。

　　(4)　上の面の風から温度風をベクトル的に減ずると，下の面の風が求まる。

　　(5)　鉛直面の風の変化の考察によい。

　　(6)　下方から上方に向かって，風向が右回りのとき，寒気移流，左回りのとき，暖気移流である。

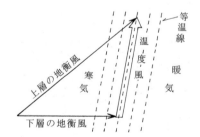

第3・11図　温度風（北半球の場合）（南半球は逆）

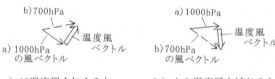

a）に温度風を加えると 　　　 b）から温度風を減じると
b）の風が求まる。 　　　　　　a）の風が求まる。
これは寒気移流の例 　　　　　 これは，暖気移流の例

第3・12図　温度風の役割

17　渦度分布図・鉛直流分布図

問　ＪＭＨ放送により船で受画できる次の高層天気図は，それぞれ主に何を調
べるのに役立つか。

　　　　　（1）　渦度分布図　　　（2）　鉛直流分布図

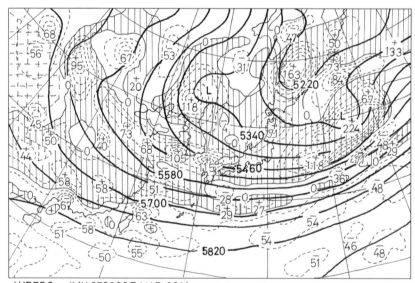

AUFE50　JMH 270000Z MAR 2011　HEIGHT(M),VORT(10**-6/SEC) AT 500hPa

第3・13図　極東500hPa高度，渦度解析図

答　（1）　渦度分布とは渦の強さを記入したものである。

　　　　図の太い実線が500hPaの高度（毎60m）を表し，細い実線が渦度0を

表す。そして20（×10⁻⁶/sec）温度毎に破線が引かれている。

　図の縦線模様内の（＋）は低気圧性の渦で気圧の谷に相当する。また，上昇流域でもある。白抜きの中の（－）は高気圧性の渦で気圧の峰に相当する。また，下降流域でもある。そして，この渦度を追跡することによって予報をする。

① 　プラス渦度移流が大きいところでは低気圧が発生・発達しやすい。

② 　帯状の上昇流域（＋）が存在するときには，そこに前線の存在する可能性が強い。

③ 　風速極大帯では渦度が0となり，渦度0線の下に地上の前線が対応するものである。

　（注） 回転運動に伴う流れの部分を渦という。等高線の場から東西方向の風速成分を求めれば各点の渦度が求まる。

$$\zeta = \frac{\triangle c}{\triangle n} + \frac{c}{r} \quad \left(\begin{array}{ll} \triangle c：速度差, & \triangle n：垂線距離 \\ c：線速度, & r：曲率半径 \end{array} \right)$$

$$\left(\begin{array}{l} 渦 \\ 度 \end{array} \right)\left(\begin{array}{l} シア \\ 一項 \end{array} \right)\left(\begin{array}{l} 曲率 \\ 項 \end{array} \right)$$

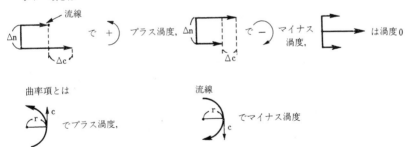

第3・14図　渦度の考え方

(2)　上昇流解析図のことである。

　図の太い実線は850hPa面における気温（毎3℃）を表し，同時に風向・風速を併記している。そして細い実線は700hPa面での上昇流の0域を示し，10hPa/H毎に破線で表示している。上昇気流（－）は縦線の模様内であり，下降気流（＋）は白抜きの域内である。

① 上昇気流のあるところでは気圧が低下し，下降気流のあるところでは気圧が上昇する。

② 地上気圧系の変化傾向を知る。

③ 鉛直流の値が大きければ現象は活発である。

④ 上昇気流のあるところでは，鉛直流は負（＝気圧低下）で天気が悪い。

　下降気流のあるところでは，鉛直流が正（＝気圧上昇）で天気が良い。

　低気圧性の気流に関して，渦度は正で表し，上昇気流では負になる。そして高気圧性の気流では渦度は負，上昇気流では正で，正負が逆になるので注意しなくてはならない。

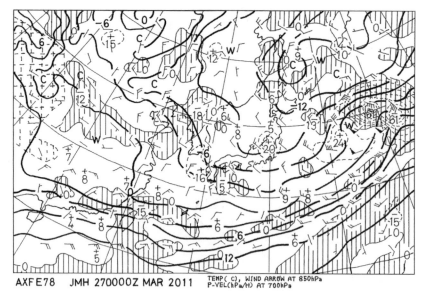

第3・15図　850hPa 気温・風，700hPa 上昇流解析図

　渦度解析図と上昇流解析図を合わせて検証することにより，さらに確実な天気の判断材料を得ることができる。

　例えば，第3・13図（渦度）では北朝鮮から韓国南岸にかけて大きい低気

圧性の渦度が見られる。

　また，北海道の北側にも大きい低気圧性の渦度が見られる。これを同日の第3・15図（上昇流）で見ると，この地域では顕著な上昇流域が見当らず，むしろ下降流域でもある。このことから低気圧の発生・発達はなく，高気圧の接近が予想できる。

　ところが三陸のはるか東岸にある発達した低気圧に伴う強い渦度を上昇流でみると，そのやや前方に強い上昇流がみられ，後方では下降流がある。風も南からの強い吹き込みと北からの吹き込みがあって反時計回りの風向となっている。これは典型的な低気圧の気流系を示しており，この低気圧は勢力を保ちながら順調に東へ移動して行くものと思われる。

　実際，日本では晴天となり，発達した低気圧は東方に移動し，予想通りに天気は推移した。

18　渦　管

問　渦管とは何か。

答　渦線の各点における接線方向は渦度ベクトルである。この渦線の集合体が作る閉じた曲線を渦管という。

　渦管では（渦度）×（断面積）＝一定　という関係が成り立つ。したがって同じ管の中で断面積が小さくなれば渦度が大きくなる。反対に断面積が大きくなれば渦度は小さくなる。渦管が途中で消えてなくなることはない。

　渦度は大気の回転を表す尺度で，低気圧や台風などを考察するうえで重要である。

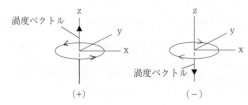

(1)回転の向きと渦度ベクトル

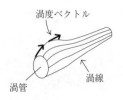

(2)渦線・渦管・
渦度ベクトル

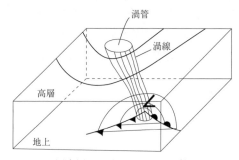

(3)高層から地上へのびる渦管

第3・16図　渦管について

第2編　JMH図の知識

第2編　工場の法規

第1章　ＦＡＸ図の知識

〔1-1〕　世界の主なＦＡＸ放送センター

　世界各国から放送されている気象図の主なＦＡＸ放送センターを第1・1図に示す。多くの国が集まる北半球に放送局が多く，南半球に少なく，特に南太平洋の東側海域は空白域になっている。しかし，各国の放送局の充実によってＦＡＸの受信装置があれば，ほとんどの海域で気象図を入手することができる。

　なお，国別の放送局周波数ならびに各図の放送スケジュールは「気象模写放送スケジュールと解説」（日本気象協会発行）や「世界海上無線通信資料」（無線通信社）などを利用することによって，自分の求める図を受信することができる。今は海上にあっても人工衛星インマルサット経由で，ＰＣに気象図を取り込むことができる。

〔1-2〕　模写通報の冒頭符について

　気象報を国際的に交換するには，WMO（World Meteorological Organization, 世界気象機関）による統一した取り決めがあり，Manual on the global telecommunication system に通信上のいろいろな規定が掲載されている。気象報を通信系を使って送る場合には，気象報の内容・種類・地域などを表すために，冒頭符をつけている。

　我が国の気象無線模写通報（ＪＭＨ）においても，放送図の左上ないし右下に，長方形の枠組みをして表している。

ＴＴＡＡｉｉ	ＣＣＣＣ
ＹＹＧＧｇｇ	ＪＡＮ　2012
天気図の注釈文	

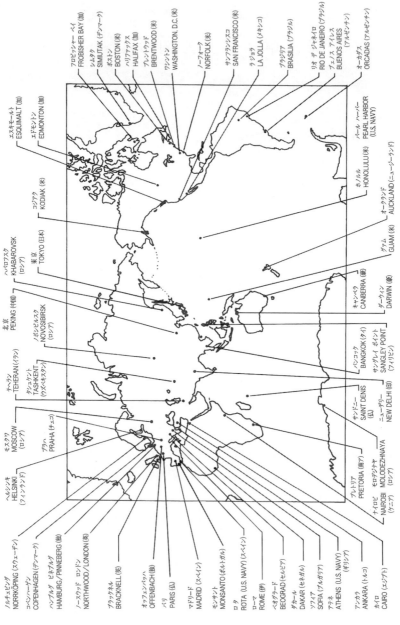

第1・1図　世界の主なＦＡＸ放送センター

冒頭符は一般に前記のような形で示され，一段目が TTAAii　CCCC，二段目が YYGGgg である。これらの意味は次のようになっている。

- ＴＴ　　　　　：気象報（図）の内容・種類を表す。
- ＡＡ　　　　　：その気象報（図）の地域を表す。
- ｉｉ　　　　　：２つ以上の同様な資料を区別するため必要に応じて加える数字。
- ＣＣＣＣ　　　：気象報（図）の編集（製作）局名で４文字の地名略語。

　　　　　　　　　ただし，しばしば放送局の３文字呼出符号または独自の略字を使うことがある。我が国ではＪＭＨである。

- ＹＹＧＧｇｇ：グリニッジ時による日時分。例えば051200UTC またはＺとは世界時で５日の12時ということである。ただしロシアではモスクワ時（グリニッジ時より３時間早い）を使っているので注意すること。

(注)　ＵＴＣ：Universal Time Coordinated（協定世界時）

1-2-1　ＴＴ（内容・種類）について

A：解析図　Analyses

- ＡＨ：層厚解析　Upper-air thickness analyses
- ＡＵ：高層解析　Upper-air analyses
- ＡＮ：雲解析　　Neph-analyses（Satellite data）
- ＡＷ：波浪解析　Sea wave analyses
- ＡＳ：地上解析　Surface analyses
- ＡＸ：その他　　Miscellaneous analyses

S：地上資料　Surface data

- ＳＤ：レーダー　Radar summary
- ＳＭ：実況　　　Plotted surface data（Main hours）
- ＳＩ：実況　　　Plotted surface data（Intermediate hours）
- ＳＯ：海洋　　　Oceanographic data
- ＳＴ：海氷　　　Sea-ice information
- ＳＸ：その他　　Miscellaneous surface data

U：高層資料　Upper-air data

- ＵＳ：高層気象　Plotted upper-air data
- ＵＸ：その他　　Miscellaneous upper data

F：予想図　Forecast

- ＦＢ：悪天予想　Significant weather charts
- ＦＥ：延長予想　Extended forecast charts
- ＦＨ：層厚予想　Upper-air thickness prognoses
- ＦＩ：海氷予想　Sea ice condition prognoses
- ＦＯ：水温・塩分　Sea surface temperature, salinity
  　　　　海流予想　　　or current prognoses
- ＦＳ：地上予想　Surface prognoses
- ＦＵ：高層予想　Upper-air prognoses
- ＦＷ：波浪予想　Wave prognoses
- ＦＸ：その他　　Miscellaneous forecast

C：平均図　Climatic data

- ＣＯ：海洋平均　Monthly mean oceanic areas
- ＣＵ：高層平均　Monthly mean upper-air data
- ＣＳ：地上平均　Monthly mean surface data

Ｗ：警報　Weather warning

- ＷＨ：ハリケーン警報　Hurricane warning
- ＷＴ：台風警報　Typhoon warning
- ＷＯ：その他の警報　Other warning
- ＷＷ：警報と概況　Warning and weather condition

1-2-2　ＡＡ（地域）について

ＡＡ：南極　（Antarctic）

ＡＥ：東南アジア　（South-east Asia）

ＡＦ：アフリカ　（Africa）

ＡＧ：アルゼンチン　（Argentina）

ＡＯ：西アフリカ　（West Africa）

ＡＰ：アフリカ南部　（Southern Africa）

ＡＳ：アジア　（Asia）

ＡＵ：オーストラリア　（Australia）

ＢＺ：ブラジル　（Brazil）

ＣＩ：中国　（China）

ＥＡ：東アフリカ　（East Africa）

ＥＥ：東ヨーロッパ　（Eastern Europe）

ＥＧ：エジプト　（Egypt）

ＥＵ：ヨーロッパ　（Europe）

ＥＷ：西ヨーロッパ　（Western Europe）

ＦＥ：極東　（Far East）

ＦＲ：フランス　（France）

ＩＯ：インド洋　（Indian Ocean area）

ＪＰ：日本　（Japan）

ＫＮ：ケニヤ　（Kenya）

ＭＥ：地中海東部　（Eastern Mediterranean area）

ＮＡ：北アメリカ　（North America）

ＮＴ：北大西洋　（North Atlantic area）

ＮＺ：ニュージーランド　（New Zealand）

ＯＣ：オセアニア　（Oceania）

ＰＡ：太平洋　（Pacific area）

ＰＮ：北太平洋　（North Pacific area）

ＰＱ：北西太平洋　（Western-north Pacific）

ＰＳ：南太平洋　（South Pacific area）

ＰＷ：西平洋　（Western Pacific area）

ＳＡ：南アメリカ　（South America）

ＳＮ：スウェーデン　（Sweden）

ＳＰ：スペイン　（Spain）

ＴＨ：タイ　（Thailand）

ＴＵ：トルコ　（Turkey）

ＵＫ：英国　（United Kingdom of Great Britain and Northern Ireland）

ＸＮ：北半球　（Northern Hemisphere）

ＸＳ：南半球　（Southern Hemisphere）

ＸＴ：熱帯地域　（Tropical Belt）

ＸＡ：南アフリカ　（South Africa）

ＸＸ：その他　（For use when other designators are not appropriate）

1-2-3　ｉｉ（資料の区別）について

　ｉｉは，一般に２桁の数字を使用することになっている。日本ではこのｉｉの部分で気象図のレベルや予想時間がすぐわかるようにしてあり，放送図の表示にはｉｉのないものや，３桁のものがある。

　①ｉｉ―なし：原則として気象図のレベルが地上（海面）を表す。

　②ｉｉ―1桁：2つ以上の同様な資料を区別する。

　③ｉｉ―2桁：気象図のレベルを表し，hPa単位の100位，10位を使う。

あるいは予想時間を示す。

85（850hPa面），70（700hPa面），50（500hPa面），30（300hPa面）

02（24時間予想），03（36時間予想），04（48時間予想）

07（72時間予想），09（96時間予想），12（120時間予想）

14（144時間予想），16（168時間予想），19（192時間予想）

④ ｉｉ―3桁：気象図のレベルと予想時間を同時に表す。その一例を次
に示すが，その他の組み合わせは③からわかるはずであ
る。

504（500hPa 面の資料で，48時間予想）

507（500hPa 面の資料で，72時間予想）

784（700hPa と850hPa 面の資料で，48時間予想）

787（700hPa と850hPa 面の資料で，72時間予想）

852（850hPa 面の資料で，24時間予想）

203（200hPa 面の資料で，36時間予想）

以上，これで冒頭符の説明が終わる。まとめとして，次にその例をあげてみ
る。

例）① ＡＳ ＡＳとはアジアを対象とした「地上解析図」

② ＡＵＦＥ 50とは極東を対象とした「500hPa 高度，渦度解析
図」

③ ＦＸ ＡＳ 784とはアジアを対象とした「700hPa 上昇流，
850hPa 気温48時間 予想図」

〔1-3〕　ＪＭＨ放送図

1-3-1　ＪＭＨ放送図

ＪＭＨとは気象庁気象無線模写放送のことで，国内や国外の気象業務を行う
機関および船舶等を対象として各種天気図，海況図等を送信している。

本書では，ＪＭＨ放送による種々の図を取り上げ，記号の意味，図の見方，

そして若干の解説を加えている。諸外国の放送図も基本的には変わらないの
で，これによって各種の図を見たり，利用したりできるはずである。

1-3-2　放送スケジュールと電波

　放送スケジュールは発表される放送図の放送時間を発表したり，放送に若干
の変更がある場合に放送変更報（MANAM「Manual amendments」）を通し
て発表される。

　電波は出力 5 kW，型式 F 3 C で，周波数は3622.5/7795/13988.5kHz と
なっている。

　インターネットでは「船舶向け天気図」から検索できる。

第2章　地上天気図

〔2-1〕　地上解析図（ASAS，第2·2図）

　あらゆる天気図の中でも，最もよく使われる。各地の実況が総観的に解析され表示されているので，広い地域にわたる気象の状況を知ることができる。ただし，JMH による図は新聞やテレビなどで見る図と違って天気図記号の記入型式が国際式で表示されている。

　この天気図を利用するにあたって注意することは，過去の資料をもとにしているため時間的なずれがあり，その後，現場では天気に変化が起こっているかもしれない。したがって，天気図作成の日時は常に把握しておく必要がある。

　第2·2図は1986年12月 2 日，15時（06Z）のアジア（AS）における地上解析図（AS）である。フィリピン東方海上には台風26号があって西方に進んでいる。中心の最大風速は100ktで，その速度は遅いので，東南アジアへ向かう船舶には直接の影響はないものの，今後の動静には注意する必要がある。一方，北のカムチャッカ半島には982hPa の発達中の低気圧があり，特に南西域の広い範囲にわたって暴風を伴っている。さらに発達が見込まれるので，付近を航行する船舶は十分警戒しなくてはならない。

　次に地上解析図を見る場合に必要な記入型式や記号の意味を示す。

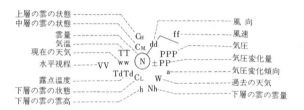

第2·1図　国際式の記入型式

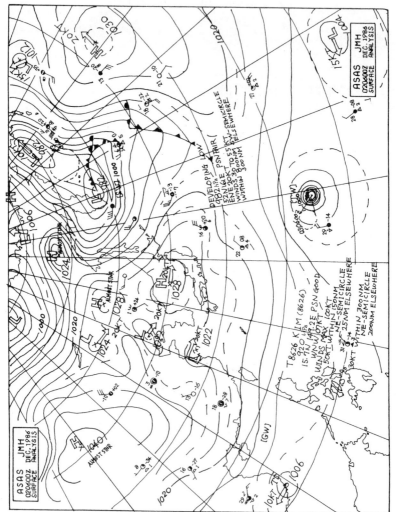

第2・2図　地上解析図

第2・1表　国際式天気図記入法

気象要素	記号	国際式記入形式
風　　　向	d d	風向軸で表す。16方位で示す。
風　　　速	f f	風向軸の右側に，短矢羽根（平均5 kt），長矢羽根（平均10kt），旗矢羽根（平均50kt）をつけて表す。（第2・2表参照）
天　　　気	w w	00-99の100個の記号を用いるが，その主なものは，第2・3表に掲げる。
過去の天気	W	主観測時（00,06,12,18時）では過去6時間内，中間観測では過去3時間内の天気を表す。
気　　　圧	P P P	地点円の右側にhPaの10位，1位，1/10位を数字で記入する。
気圧変化量	p p	観測時前3時間の気圧変化量を1位，1/10位で示す。
気圧変化傾向	a	観測時前3時間の気圧の変化傾向を記号で示す。（第2・4表参照）
気　　　温	T T	地点円の左上に度（通常は摂氏）の10位，1位を数字で記入する。
露点温度	TdTd	気温に準じて，度の10位，1位を数字で記入する。
雲　　　量	N	地点円の中に記号で表す。（第2・5表参照）
雲　　　形	C_H, C_M, C_L	地点円外側の中心線上に，上から上層の雲（C_H），中層の雲（C_M），下層の雲（C_L）の順に記入する。基本的な雲形記号については第2・6表を参照。
雲　　　高	h	C_Lで報じた雲の海面から雲底までの高さをC_Lの下に符号で示す。（C_Lがない場合はC_M）（第2・7表参照）
下層の雲の雲量	N h	C_Lで報じた雲の雲量を数字で表す。（C_Lがない場合はC_M）
水平視程	V V	電文符号そのままを地点円の左側に書く。（第2・8表参照）

第2・2表　風速の記号（ff）

風速（kt）	1～2	3～7	8～12	13～17	-----	48～52	-----	63～67
平均風速	1～2	5	10	15		50		65
記　号					-----		-----	

第2·3表　主な天気記号（ww，W）

記号	天気	記号	天気	記号	天気	記号	天気	記号	天気
∞	煙霧	❟	霧雨	△	あられ	⌇	風じん	▽	しゅう雨性降水
＝	もや	●	雨	▲	ひょう	⊹	地ふぶき		
≡	霧	✳	雪	⮢	雷雨	⌁	煙		

また，雨の記号では，下記のように，縦にならぶと強さを表し，横にならぶと連続性を表す。

•	断続の弱雨	⋮	断続の並雨	⋮	断続の強雨
••	連続の弱雨	•⋮	連続の並雨	•⋮	連続の強雨

第2·4表　気圧変化傾向（ａ）

a	気 圧 の 変 化 傾 向
╱	上昇後下降（現在の気圧は３時間前の気圧と等しいか，またはそれより高い）
╱	上昇後一定または上昇後緩上昇
⟋	一定上昇または変動上昇
⟍	下降後上昇，一定後上昇または上昇後急上昇
─	一定（現在の気圧は３時間前の気圧に等しい）
╲	下降後上昇（現在の気圧は３時間前の気圧に等しいか，またはそれより低い）
╲	下降後一定または下降後緩下降
⟍	一定下降または変動下降
╲	一定後下降，上昇後下降または下降後急下降

（上昇後一定または上昇後緩上昇／一定上昇または変動上昇／下降後上昇，一定後上昇または上昇後急上昇）（現在の気圧は３時間前の気圧より高い）

（下降後一定または下降後緩下降／一定下降または変動下降／一定後下降，上昇後下降または下降後急下降）（現在の気圧は３時間前の気圧より低い）

第2·5表　雲量記号（Ｎ）

符字	0	1	2	3	4	5	6	7	8	9
雲量	0	1以下	2〜3	4	5	6	7〜8	9〜10で隙間あり	10隙間なし	天空不明
記号	○	◑	◔	◕	◐	◑	◕	◑	●	⊗

（注）　1/4円の黒塗り（◔）から，3/4円の黒塗り（●）までが晴の範囲になっている。

第2・6表　主な雲の形の記号

C_H 型の雲	⌒	巻 雲	⌐	巻層雲	~	巻積雲
C_M 型の雲	∠	高層雲	⌣	高積雲	∥	乱層雲
C_L 型の雲	⌒	層積雲	─	層 雲	---	積雲―断片 層雲―断片
	⌒	積 雲	⛅	雄大積雲	⛈	積乱雲

第2・7表　最も低い雲の雲底の高さ：海面からの高さ（h）

0	20メートル未満	5	600メートル以上1,000メートル未満
1	50メートル以上100メートル未満	6	1,000メートル以上1,500メートル未満
2	100メートル以上200メートル未満	7	1,500メートル以上2,000メートル未満
3	200メートル以上300メートル未満	8	2,000メートル以上2,500メートル未満
4	300メートル以上600メートル未満	9	2,500メートル以上または雲がない

第2・8表　視程（ＶＶ）

ＶＶ	視　　　　　　　　　　　　　　　　　　　　程
90	50メートル未満
91	50メートル以上　　　　200メートル未満
92	200メートル以上　　　500メートル未満
93	500メートル以上　　　1キロメートル未満
94	1キロメートル以上　　2キロメートル未満
95	2キロメートル以上　　4キロメートル未満
96	4キロメートル以上　　10キロメートル未満
97	10キロメートル以上　20キロメートル未満
98	20キロメートル以上　50キロメートル未満
99	50キロメートル以上

〈記入例1〉　　　風向：北西　風速：15kt　雲量：7または8　気圧：1,013.9hPa
　　　　　　　　気圧変化量：－1.5hPa
　　　　　　　　気圧変化傾向：下降後一定　気温：19℃　露点温度：16℃
　　　　　　　　視程：階級7（10～20km）　現在天気：弱いしゅう雨
　　　　　　　　過去天気：雷雨

雲の状態：

◡ →C_H = 1　毛状またはかぎ状の巻雲。(空に拡がる傾向がない。)

w →C_M = 3　高積雲―（半透明なもの。）

⌂ →C_L = 9　積乱雲―（多毛）

雲高：（C_Lの雲高）符号 = 6 →1,000m 以上～1,500m 未満
下層の雲の雲量：（C_Lの雲量符号）= 5 →雲量6

〈記入例2〉

15 ● 103 −23

風向：北東	気圧：1,010.3hPa
風速：10kt	気温：15℃
雲量：9または10	隙間あり。
天気：雨（断続の弱雨）	
気圧変化量：−2.3hPa（過去3時間）	

第2・9表　天気図解析記号

	記号	色別		記号	色別
地上の温暖前線	⌒●⌒●⌒	赤	熱帯低気圧の中心	♀, T.D	赤
上空の温暖前線	⌒◠⌒◠				
発生中の温暖前線	▲●▲●▲		台風の中心	♠, T.SまたはS.T.S, T.	赤
解消中の温暖前線	▲●_▲_●▲				
地上の寒冷前線	▲▲▲	青	高気圧の中心	H,Highまたは高	青
上空の寒冷前線	△△△		温帯低気圧の中心	L,Lowまたは低	赤
発生中の寒冷前線	▲ ▲ ▲				
解消中の寒冷前線	▲_▲_▲		連続降雨（降雪区域）	緑色でぬる　雪では緑色の＊印	緑
地上の停滞前線	▲●▼▲●▼	赤青交互	断続降雨（降雪区域）	緑色の斜線　雪では緑色の＊印	緑
地上の閉塞前線	▲●▲●⌒	紫			
気圧の谷	―――	黒の実線	霧の区域	黄色でぬる	黄
気圧の嶺	⋁⋁⋁	黒の記号	しゅう雨の区域	分散した▽印	
赤道前線	◁◁◁	橙色の記号	霧雨の区域	分散した♪印	
			雷電の区域	分散した℞印	

第2·10表　図中に使われる記号の意味

記　　　　　号	意　　　　　　　　　　　　　　　　　味
—————————— ··················	等圧線4hPa 間隔 必要に応じて入れる中間を表す等圧線
⇒ SLW STNR UKN	高，低気圧の移動方向 ゆっくりと移動中（SLOWLY） 停滞中（STATIONARY） 不明（UNKNOWN）
〔W〕 FOG〔W〕 〔GW〕 〔SW〕 〔TW〕	海上風警報（WARNING）風力 7 以下の場合　⎫ 〃 濃霧警報（FOG WARNING）500m 以下　⎬ 一般警報 〃 強風警報（GALE WARNING）風力 8，9　⎭ 〃 暴風警報（STORM WARNING）風力10，11 〃 台風警報（TYPHOON WARNING）風力12以上
T.D T.S S.T.S T. P S N 〃 〃 〃 〃 〃	熱帯低気圧（TROPICAL DEPRESSION）最大風速33kt 以下 台風（TROPICAL STORM）最大風速34〜47kt 台風（SEVERE TROPICAL STORM）最大風速48〜63kt 台風（TYPHOON）最大風速64kt 以上 位置（POSITION） GOOD（位置は正確，誤差30海里未満） FAIR（位置ほぼ正確，誤差30〜60海里） POOR（位置不正確，誤差60海里以上） EXCELLENT（位置極めて正確） SUSPECTED（位置に疑いあり）

第2・11表　天気図に記入されている警報の内容例

T 1226　KIM（1226）	2012年台風第26号，愛称「キム」
920hPa	中心気圧920ヘクトパスカル
15.7N　149.2E	中心位置　北緯15.7度，東経149.2度
PSN　GOOD	位置の精度は正確
WNW　07KT	西北西に7 kt で進行
WINDS　MAX　100KT	中心の最大風速100kt
50KT　WITHIN　150NM	台風の北東半円150海里以内とその他の
NE-SEMICIRCLE　25NM	地域25海里以内では50kt 以上の風と
ELSEWHERE	なっている
30KT　WITHIN　300NM	北東半円300海里以内とその他の地域200
NE-SEMICIRCLE　200NM	海里以内では30kt 以上の風となってい
ELSEWHERE	る
DEVELOPING　LOW	発達中の低気圧
982hPa	中心気圧982ヘクトパスカル
52N　161E	中心位置　北緯52度，東経161度
PSN　FAIR	位置はほぼ正確
ENE　20KT	東北東へ20kt で進行
WINDS　30　TO　55KT　WITHIN	風は南西側半円800海里以内とその他の
800NM　SW-SEMICIRCLE	地域300海里以内で30〜55kt となってい
300NM　ELSEWHERE	る
hPa　　　　　（HECTO PASCAL，ヘ 　　　　　　　クトパスカル） KT　　　　　（KNOTS，ノット） MAX　　　　（MAXIMUM，最大） SIDE　　　　（側） QUAD　　　　（QUADRANT，象限） SEMICIRCLE（半円） ELSEWHERE（その他の地域）	風速の顕著な変化が予想される場合 EXPECTED WINDS〜NEXT 12 HOURS （今後12時間以内に風速は〜に達する見 込み）

〔2-2〕　**台風予報図**（WTAS12，第2・3図）

　台風の進路予報に関しては，「**WTAS12**」（台風120時間予報図）がある。こ
れは5日先の予報である。

　進路予報の誤差円が点線の円で示され，予報時間には少なくともこの円のど
こかに70％の確率で到達するとしている。その進路予報誤差は24時間で100km，

以下，48時間で100km，72時間で200kmが見込まれる。そして，その予報円（半径）の大きさは，台風の速度が20kt（37km/h）以上とすれば，24時間で150km，48時間で300km，72時間で450kmが見込まれる。台風の速度が遅くなるほどこの誤差も少なくなる。その際，考えられる暴風域（最大風速25m/s 以上）が外側の実線で示されている。つまり，船舶としては，この実線以内に入ることは暴風域にとらえられる危険性があり，暴風警戒域といわれる。最大風速15m/s 以上25m/s 未満の風域は強風域という。

　なお，台風の「大きさ」は風速15m/s 以上の半径を用い，「強さ」は中心付近の最大風速を用いる。

第2・12表　台風の大きさ

階　　　　級	風速15m/s 以上の半径
------------	200km未満
------------	200km以上～300km未満
------------	300km以上～500km未満
大型（大きい）	500km以上～800km未満
超大型（非常に大きい）	800km以上

第2・13表　台風の強さ

階　　　級	中心付近の最大風速	国　　　際
-----	17m/s（34kt）以上～25m/s（48kt）未満	T. S.
-----	25m/s（48kt）以上～33m/s（64kt）未満	S. T. S.
強い	33m/s（64kt）以上～44m/s（85kt）未満	⎫
非常に強い	44m/s（85kt）以上～54m/s（105kt）未満	⎬ T.
猛烈な	54m/s（105kt）以上	⎭

通報条件：(1)　全般海上警報対象領域内（100°E～180°E，0°N～60°N）に
　　　　　　　台風（Tropical Storm 以上）があるとき

　　　　　(2)　24時間後に予報円がこの領域内に入るとき。

予報内容：第2・14表のとおり。

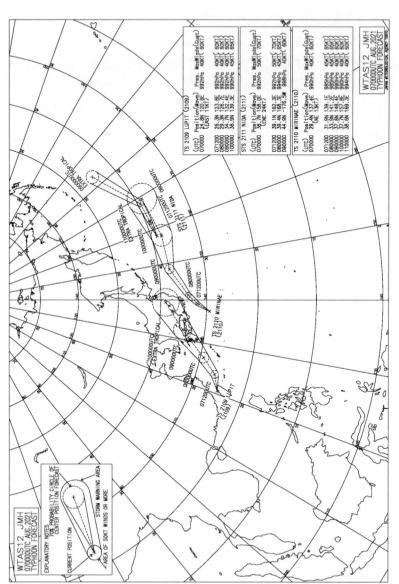

第2・3図　台風予報図

第2・14表　5日先の進路予報

予報内容	5日先の進路予報
対象時刻	12, 24, 48, 72, 96, 120時間後
予報内容	・予報円の中心と半径　　・最大風速 ・移動方向と速さ　　　　・最大瞬間風速 ・中心気圧　　　　　　　・暴風警戒域
頻　　度	・1日4回 　ただし，24時間後までの予報は1日8回
発表のタイミング	・観測時刻の約50分後

〔2-3〕　海上悪天24時間予想天気図（FSAS24, 第2・4図）

　電子計算機で作られる各種の予想図やその他の資料をもとにして解析し，作成した図である。

　例えば，図では18日21時（12Z）の資料をもとにして1日先の気圧系，前線系の位置ならびに高・低気圧の中心示度を予想したものである。さらに，赤道～60° N，100° E～180°の海域における予想される強風（30kt 以上）域の風向風速，船体着氷域，海氷域が表示される。各地の天気がないので図が簡略化している。現在の地上解析図と併用することによって低気圧の発達状況が把握でき，船舶にとって最も有効な天気図のうちの1つである。その他に「**FSAS48**」（同48時間予想図）がある。

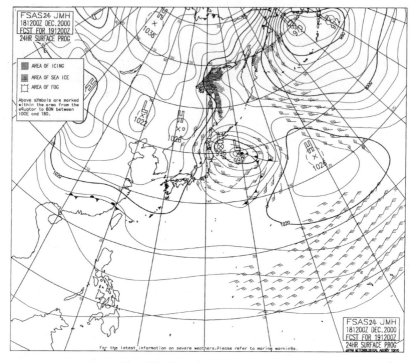

第2・4図　海上悪天24時間予報天気図

〔2-4〕　**地上気圧・降水量，48，72時間予想図**（FSAS04，07，第2・5図）

　この図は1～2日後（FSAS04）と2～3日後（FSAS07）の地上気圧と降
水の予想図である。気圧は4 hPa毎に実線で降水量は5 mm毎に破線で引か
れている。

　FSAS04を見ると日本列島を狭む2つの低気圧があり，これによって本邦各
地に雨をもたらす予報である。3日後（FSAS07）になると降水域は北日本に
移り雨量も多くなっている。

　日本の太平洋上にある降雨域（40mm）は3日後にはやや北東に進み雨量も
61mmと多くなっている。

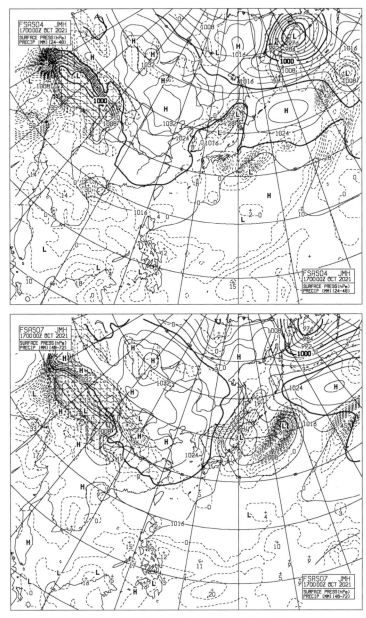

第2・5図　地上気圧・降水量，48，72時間予想図

　一方，西に目を向けると中国からチベットに拡がる高気圧があり，それがチ
ベット高原の低気圧と向かい合って経度30°に亘って細長く東西に伸びてい
る。両者の気圧差が20hPa と混んでいる。そしてそのネパールの西端では
136mm の降水が見込まれ，全体の降水域は南の低圧部に拡がっている。

　それが 3 日後になると混んだ等圧線は西に移動し，降水量の最大値
（59mm）がネパールの西から南に移っている。

　この種の天気図は，「**FSAS07**」（72時間予想， 3 日先），「**FSAS09**」（96時間
予想， 4 日先），「**FSAS12**」（120時間予想， 5 日先）がある。

第3章　気象衛星画像

〔3-1〕　**静止気象衛星雲写真**（GMS Picture，第3・1図）

第3・1図　静止気象衛星雲写真

　雲写真の大きな特徴は，雲全体の分布が鳥瞰的に見ることができることである。概して気象現象は視覚的にとらえることができないため，知識として断片的に蓄えられることが多く，なかなか全体像としてはとらえにくい。その点この雲写真は現象をはっきり写し出したものであり，われわれの頭の中に具体的な像として把握されやすい。

　GMS とは Geostationary Meteorological Satellite の略で静止気象衛星を意味している。我が国のひまわり1号（GMS-1）は1977年7月に打ち上げられたが，現在は運輸多目的衛星（MTSAT）のひまわり8号，9号（GMS-8/9）に引き継がれている。打ち上げられている位置は，経度140°E の赤道上空，35,800kmの高さである。

　今や世界の気象衛星による観測網は地球上のすべてを細かく観測でき，台風や低気圧の雲の発達や移動状況を監視することができる。観測データは衛星画像として利用されるうえに，コンピュータ処理により上空の風や温度，他の多くのデータが計算され，数値予報に使われている。こうして予報精度も大きく向上した。

　今までのひまわり 6 号・ 7 号での放射計は可視 1 バンド，赤外 4 バンドの計 5 バンドであった。一方，ひまわり 8 号・ 9 号の放射計（AHI：Advanced Himawari Imager）では可視 3 バンド，近赤外 3 バンド赤外10バンドの計16バンドとなっている。これによって観測性能に大きな前進をもたらした。たとえば水平分解能の可視1.0km，赤外 4 kmが 8 号・ 9 号では0.5kmと 2 kmにレベルアップし，しかも三種類の波長帯（ 3 バンド）に光の三原色である RGB（赤・緑・青）を合成することによってカラー画像化されている。これから黄砂や噴煙の監視に役立てることができる。

　またフルディスク観測（全球観測）が30分間に一度で，かつ領域観測が限定的であったものがフルディスクの全球観測と 5 つの領域観測を含めて10分以内となった。

　そして日本周辺域観測では2.5分毎になり，台風や発達した低気圧，火山などに有効である。特にシビア・ウェザ域のあるとき 2 領域は必要に応じて約30秒毎の観測ができるので，積乱雲の急発達に対処できるようになる。これによって，局所的で予報の難しかった集中豪雨の特定に役立てれば，地域河川の氾らん，洪水，土砂崩れへの予知が可能となる。

　バンド数が 3 倍以上になったことから従前では難しかった観測が期待される。たとえば植生，エーロゾル，自然災害の観測。大気観測の上層と中層の水蒸気量の判別，オゾン量，SO_2。雲観測として従来の雲画像に加えて雲相判別，雲粒半径，雲頂高度そして海面水温である。

　　(注)　MTSAT：(Multifunctional Transport Satellite) 運輸多目的衛星

〔3-2〕　可視画像と赤外画像

　モノクロ（白黒）による可視画像（VIS）と赤外画像（IR）の違いを比較してみる。

　　　VIS：太陽に照らされた地球部分しか写らない。水平分解能が0.5kmでIRより細かい画像が撮れる。画が鮮明である。

　　　IR：昼夜の区別なく，地球全体が写る。画はコントラストが弱い。水平分解能が2.0kmでVISに比べると不鮮明である。

　IRは地上天気図からは把握できない上層の流れを見るのに都合がよい。上層トラフ，ジェット気流や寒冷低気圧に伴う上空の雲が薄く筋状またはなめらかに拡がったりする。

　次に10種雲形に基づく雲の写り方を可視画像（VIS，0.64μm）と赤外画像（IR，10.4μm）について比較してみると，次のようになる。

第3・1表　VIS画像とIR画像

画　像	上　層　雲	垂直に発達する雲	中　層　雲	下　層　雲
VIS（可視画像）	積乱雲や低気圧・台風の近くを除き，上層雲のすき間から中層雲や下層雲が見えることが多い。	発達した積雲・積乱雲では中層雲と同程度に写る。	真っ白に写る。	白く，斑紋状か不規則な形の広がりを持った雲として写る。層雲や霧が日中明瞭に識別できる。
IR（赤外画像）	VISよりもよく写り，真っ白になる。	積雲や積乱雲が真白で輪かくのはっきりした雲として認識できることが多い。	ややくすんだ灰色に写る。	写りにくく，雲として目で識別するのは一般に難しい。

　第3・2図（1）は可視画像（VIS），第3・2図（2）は同じ時刻の赤外画像（IR）である。両者を比べてみよう。可視画像の関東から海に拡がる白い雲は赤外画像ではくすんだ灰色に見える。これは中層の厚い雲が関東地方から沖合いを覆っていることがわかる。赤外画像の中部から関西方面，そして韓国で水平に伸びる雲が白い。しかし可視画像ではあまり目立たない。これは降水

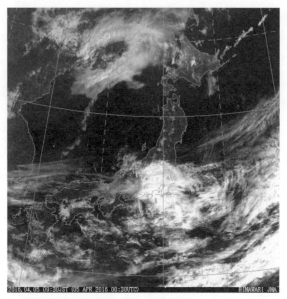

2016.04.05 09:30JST (05 APR 2016 00:30UTC)　　　　　　　HIMAWARI JMA

第3・2図 (1)　可視画像　09:30　JST, 05 APR. 2016.

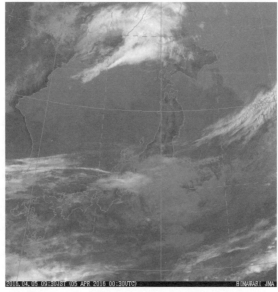

2016.04.05 09:30JST (05 APR 2016 00:30UTC)　　　　　　　HIMAWARI JMA

第3・2図 (2)　赤外画像　09:30　JST, 05 APR. 2016.

につながらない上層雲が拡がっているのである。一方，両図ともに白い三陸沖と北海道西岸域では下層～上層にわたる厚い雲が存在し，降水があるだろう。

　要約すると，可視画像（VIS）は，実際目で見るような感覚と同じで太陽光の反射をとらえるので，反射光の強いもの，すなわち雲の高度よりもむしろ厚い雲ほど白く写ることになる。

　赤外画像（IR）は，雲の黒体放射による熱線を画像化しているので，高い雲（温度の低い）ほど白く，低い雲（温度が高い）ほど灰色から薄墨色になる。

〔3-3〕　カラー画像

　気象衛星は大気中の電磁波を観測する。電磁波は大気中の気体によって吸収される。電磁波を様々な波長で観測することで大気中の気体の特性を推定することになる。

　可視は3波長（3バンド），近赤外は3波長（3バンド），赤外は10波長（10バンド）で計16種類の波長で観測を行う。可視では光の三原色であるRGB（赤・緑・青）を観測し，それらを合成してカラー画像化している。

　現在8種類のカラー合成画像が得られる。

(1)　日中自然色画像（水滴と氷から雲，植生，海，海氷を分析）

(2)　夜間雲判別画像（夜の雲の種類，層雲・霧）

(3)　日中雲判別画像（日中の雲の種類，その温度と高度）

(4)　日中雲霧画像（雪か氷，霧か層雲）

(5)　対流雲画像（発達した雲）

(6)　気団判別画像（暖気・寒気）

(7)　ダスト画像（黄砂）

(8)　トゥルーカラー画像

　(1)～(4)はJMH放送で得られる。（　）内は観測内容。

第4章　高層天気図

〔4-1〕　高層天気図

　これらの天気図は，上空を流れる大気の構造を表す天気図である。大気を立体的にとらえ，上層と下層の大気の関連がわかってくるにつれ高層天気図の重要性は増してくる。

　たとえば，集中豪雨や雷雨などの激しい現象，低気圧や台風の発生や発達などは，上層の大気の流れの変化と深い関係がある。また，気圧の谷や峰，ジェット気流の追跡には上層の気流の状態を知る必要がある。

　上層の大気の状態は地形や熱の影響を受けやすい下層に比べると，単純で変化が少ない。したがって，上層の大気の動きを予想し，それを地表の天気予報に役立てることができる。そのために，長期予報（当日を含めた3日以内の短期予報，7日先までの週間予報，1ヵ月や3ヵ月先の季節予報）の解析には高層天気図は不可欠のものとなる。

　高層天気図は，ある特定の気圧が各地点で占める高さで表すため，等圧線のかわりに高度の等しいところを結んだ等高度線が引かれている。見方は等圧線と同じように考えることができ，高度の低い部分が低気圧や気圧の谷に相当し，高度の高い部分が高気圧や気圧の峰に相当する。そして，地上天気図を等高度面天気図というのに対し，高層天気図は等圧面天気図といわれる。

　JMHで放送されている等圧面天気図は，850hPa面（高さ約1,500mの気象状態），700hPa面（高さ約3,000mの気象状態），500hPa面（高さ約5,500mの気象状態），300hPa面（高さ約9,000mの気象状態），100hPa面（高さ約16,000mの気象状態）の解析図がある。

　各等圧面解析図に共通した，天気図の記入型式は次のとおりである。

(1) 記入の要素

　　観測値の記入型式は，風向，風速，気温，湿数（気温と露点温度の差）が記入される。温度が負のときは，－をつける。

風向：北西
風速：55kt
気温：－21.7℃，露点温度：－24.9℃

高層天気図記入型式

(2) 図には等高線が実線で，等温線は850hPa，700hPa，500hPa が破線で，300hPa では地点毎に表示される。

　　その他，寒域（C），暖域（W），高気圧（H），低気圧（L），弱い熱帯低気圧（T.D），台風（T.S，S.T.S，T）が必要に応じ記入される。

　　等高線は850hPa，700hPa，500hPa では60m，300hPa では120m毎に引かれる。等温線は6℃毎で，必要に応じて3℃毎に表示される。なお，300hPa では等風速線が破線で引かれている。

　　図中の中国，チベット方面の点線で囲まれた単破線 ⟨⟨⟩⟩ の領域は1,500m以上の山系を，また井桁の破線 領域は3,000m以上の山系を表している。大規模な山系による気象の影響を考えることができる。

高層天気図を見る場合の基本事項

1　高層風は摩擦の影響がなく，地衡風に近い。したがって，等高線は風向とほぼ平行になる。
2　等高線間隔が狭くなるほど風が強く，同じ等高線間隔であれば低緯度ほど風が強い。
3　地上の低気圧の中心や，気圧の谷は高層に行くほど寒気側に移る。また逆に，高気圧の中心や峰は暖気側に移る。

　4　温暖高気圧は高さと共に顕著になり，寒冷高気圧は高さと共に消える。

　5　等高線が北に張り出している方が気圧の峰であり，南に張り出している方が気圧の谷にあたる。

　6　上層の気圧の谷の西側は北西流の場であり，寒気は気圧の谷の西方から谷に向かって南下してくる。この場合，気圧の谷の西方の等高線と等温線の交わりが大きいほど寒気は南下しやすい。さらに，気圧の谷が深まるほど寒気は南下しやすい。

　　寒気が南下すると気温傾度が増大し，谷の東方で地上の前線が活発になり，低気圧が発生・発達する。したがって，強い寒気が観測されたら今後の動きに十分注意しなくてはならない。

　7　気圧の谷の東側は南西流の場で，暖気が流入するところである。寒気が流入するだけでなく暖気が流入することも低気圧の発生・発達には欠かせない。ここでは，低気圧が北上する傾向を持ち，速度も早くなることが多い。

　8　気圧の谷の東側では前線の活動が活発で天気が悪くなりやすい。一方，谷の西側では前線も不活発で，地上の低気圧の移動が遅くなったり，衰弱したり，ときには消滅する。そして逆に高気圧が発達しやすく，天気は良いことが多い。

〔4-2〕　850hPa 等圧面解析図（AUAS85，第4・1図），700hPa 等圧面解析図（AUAS70）

　850hPa面と700hPa面の天気図の表示方式は同じである。高度（実線），気温（破線），多湿域（黒点）が解析されている。多湿域（黒点）では特に雲量が多い。雲量の減少に伴って湿数が大きくなる。多湿域（黒点）は湿数（気温と露点温度の差）が3℃未満を示している。

　850hPa面は地上約1,500mくらいの気象を代表する図で，下層雲の分布に対応している。寒気や暖気あるいは水蒸気の流入状態を知るのによい。

　一方，700hPa面は地上約3,000mくらいの気象を代表する図で中層雲の高さに相当するので，水蒸気の流入状態から降水現象を予測するのによく，850hPa面と併用するとよい。また，前線や低気圧の規模を推定するのによい。

　850hPa面や700hPa面上で多湿な気流が舌状の形で日本の上空や付近に侵入しているものを湿舌というが，これは集中豪雨の原因となるものである。

850hPa面天気図利用上の一般的法則

　1　水蒸気の分布や風の状態から，集中豪雨の発生しやすい気象状態を判断する

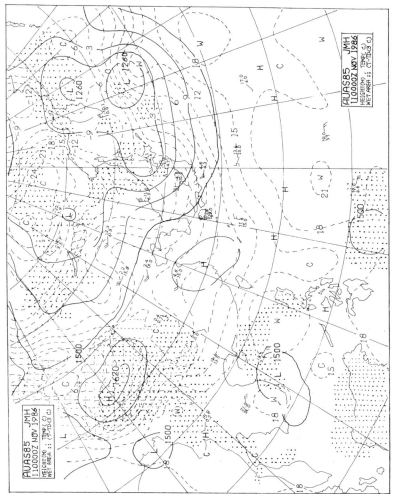

第4・1図　850hPa 等圧面解析図

のに使われる。集中豪雨が降るには多量の水蒸気が必要であり，図の多湿域
（黒点）を目安にする。

2　湿舌発生の目安は暖候期に南寄りの風向で風速15m/s（30kt）以上の帯状地
域に注目する。

3　6〜9月中に露点温度が16℃以上あると，多湿域内（黒点）では大雨を降ら
せるのに十分な水蒸気がある。そして，850hPa面の風速が20m/s（40kt）以上
の下層ジェット流の北〜北西側で豪雨が生じやすい。

4　850hPaの下層ジェット流と500hPaの上層ジェット流との交点付近，つまり
850hPaの風向と500hPaの風向との角度差が大きいところで集中豪雨が発生し
やすい。

5　寒気と暖気の流入状況から地上の気温予想の目安に利用する。
　　海上では船体着氷の判定に都合がよく，－15℃以下の寒気内で発生し，
－18℃以下になると着氷が急速に進むといわれる。

700hPa面天気図利用上の一般的法則

1　集中豪雨が発生しているときは，中国大陸の揚子江付近から東へ伸びる湿舌
や，太平洋高気圧の縁辺に沿って南〜北東へ伸びる湿舌が見られる。この場合，
湿舌の北西側に気温と露点温度の差が大きい乾燥域が現れることが多く，一見
集中豪雨とは関係なさそうに見える乾燥域の出現に注意する必要がある。

2　地上天気図の低気圧と700hPa面天気図の気圧の谷が対応していれば，この低
気圧は背が高く強い。

3　地上天気図の高気圧と700hPa面天気図の気圧の峰が対応していれば，この高
気圧は背が高く強い。

4　700hPa面の風向が地上の寒冷前線の伸び出しと垂直になるときは，前線はあ
まり活動的でなく，天気が悪いのは前線近くだけである。

5　700hPa面の風向が地上の寒冷前線と平行なときは，前線は強い。寒冷前線の
通過後，南西風が北西風に変わるまで悪天が続く。

6　700hPa面の気圧の峰の端まで，温暖前線の前方の雲域が広がっている。

7　低気圧の発生期に，700hPa面の天気図にも低気圧的な流れがあると，この低
気圧は発達する。

8　700hPa面の風が東寄りであると天気は良くなる。

9　700hPa面の気圧の谷の前面の暖気流，後面の寒気流が強いとき，この気圧の
谷に対応する低気圧は発達する。

10　気圧の谷の軸が地上から700hPa面の間で垂直なときは，低気圧は発達の最盛
期である。

11　地上の前線の上を700hPa面気圧の谷が通れば，前線上に低気圧が発生する。

12　地上の低気圧は700hPa面の等高線に沿って進み，700hPa面の風速の70％の

速度で進む。

〔4-3〕 500hPa 等圧面解析図（AUAS50，第4·2図）

高層天気図の中では最もよく使われる。500hPa ほど上空になると，閉じた等高線は少なくなり，波型の模様となってくる。そして，風が北から南へ波打ちながら流れることから，偏西風波動という。500hPa 面の気圧の谷は 1 日に経度10°くらいの速さで東に進むから，気圧系を追うのに図のようなアジア（AS）の範囲では 2 〜 3 日の短期予報に大切な天気図である。

天気予報をするには，連続した何枚もの天気図を入手する必要があり，それによって気圧の谷の動きとか，谷の深まりも知ることができる。

第4·2図では，大陸の沿海州付近に大きな低気圧域があって，気圧の谷が南南東に伸びている。また強い寒気（−36℃）が南下してきており，日本列島は気圧の谷のやや東側に位置するので，日本列島周辺で低気圧の発生，発達が見込まれる。

500hPa 面天気図利用上の一般的法則

1　等高線の南北への振幅が大きくなり，気圧の谷が深まりつつあるとき，あるいは深い気圧の谷が接近しているとき低気圧は発達しやすい。

2　等高線が気圧の峰の部分よりも谷の方で混んでいる場合は，低気圧は発達する。

3　気圧の峰よりも谷の方で等高線が広くなる場合は低気圧は発達しにくい。

4　地上天気図の低気圧と500hPa の気圧の谷との距離が小さいとき，あるいは低気圧が谷の真下や谷の後方（西方）にあるときは発達しない。

5　500hPa の気圧の谷の前方（東方），緯度 5°分の距離に地上の低気圧があると発達する。

6　気圧の谷の後方（西方）に気温の谷があり，気圧の谷付近で等温線と等高線が大きく交わっていると低気圧は発達しやすい。

7　地上の低気圧と500hPa 面の気圧の谷の間を通る等温線の間隔が周りに比べて狭いと低気圧は発達する。

8　気圧の谷の北西側に強い寒気があると低気圧は発達する。

寒気を追跡することは，天気図の利用上大切なことの一つである。寒気は南下するにつれて変質したりするので，それほど簡単ではない。注目する等温線の目安として，冬は−30℃や−36℃，春・秋は−24℃前後，夏は−12℃がよい。

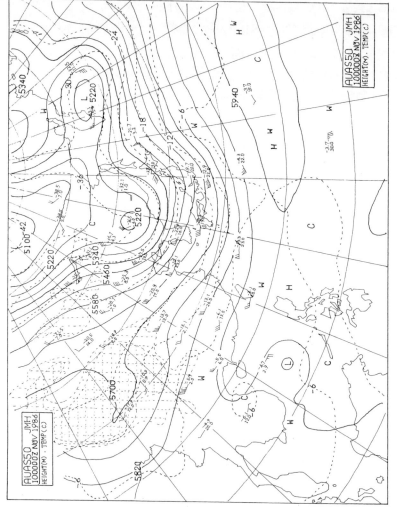

第4・2図　500hPa 等圧面解析図

9　集中豪雨の予想に500hPa面も補助的に利用される。

たとえば，500hPa面のジェット流から200km以上離れた南側で集中豪雨が発生する。また，5,880mと5,820mの等高線の間で集中豪雨が発生することが多い。

(注)　ショワルターの安定指数：

850hPa気塊を断熱上昇させ，500hPaまで上昇させた場合の気塊の温度（T^*_{850}）と500hPa面の気温（T_{500}）との差を（$T-T^*$）とすると，次のようになる。

$$\left\{\begin{array}{l} T-T^*>0 \quad : 安定 \\ T-T^*=0 \quad : 中立 \end{array}\right\} +3\sim0℃ \quad : にわか雨$$

$$\left. T-T^*<0 \quad : 不安定 \right. \left\{\begin{array}{l} -1\sim-3℃ : 発雷の恐れ \\ -3℃以下 \quad : 強い発雷 \end{array}\right.$$

断熱図を使って，安定性の判定が行える。

〔4-4〕　300hPa等圧面解析図（AUAS30，第4・3図）

300hPa面は地上約9,000mの高さにあたるので，対流圏の上部・圏界面の下部に位置する。風の強い高度で，偏西風の概要を知り，特にジェット気流を解析するのに都合がよい。ジェット気流は長さ数千km，幅が数百km，上下の厚さが数kmの規模を持っている。

ジェット軸の中心の風速は最低値が30m/s（約60kt），最強風速が125m/s（約250kt）以上にもなり，普通は50〜75m/s（約100〜150kt）くらいである。冬に強く，夏はその1/3くらいに弱くなる。

日本付近に存在する亜熱帯ジェット気流は，寒候期は30°N付近，暖候期は40°N付近にあり，盛夏にはしばしば消滅する。

ジェット気流と寒帯前線は一体となって動くので，ジェット気流が南北に動けば，寒帯前線も南北に動く。つまり，ジェット気流の位置は低気圧や前線活動の活発な場所を示している。

第4・3図からジェット気流は九州南部上空にあり，120ktを示している。太平洋の中心に行くにつれ，しだいに風速は強くなり，本邦東方海上で160ktとなっている。

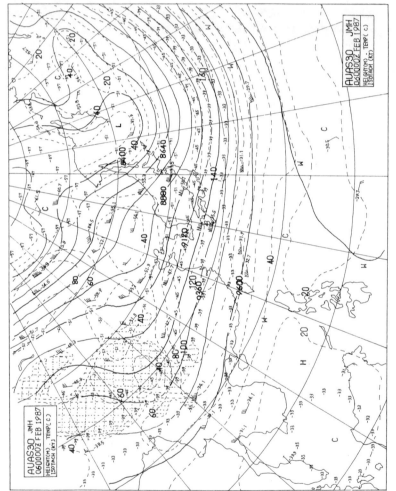

第4・3図　300hPa 等圧面解析図

ジェット気流と天気との一般的法則

　　1　ジェット気流の強いときは前線や低気圧の活動が活発で天気が悪い。

　　2　低気圧の発生初期では，低気圧の北の方にジェット気流があり，低気圧の発達につれて低気圧の中心の真上にくる。低気圧が衰弱期に入ると，閉塞点の真上にジェット気流がある。つまり，強風軸の真下にある地上低気圧は顕著な発達をするので注意する必要がある。

　　3　寒候期はジェット気流がチベット高原の南を通り，日本の南岸の上空を吹いている。季節が進むにつれ北上し，梅雨になると中国大陸で2つに分けられたジェット気流が日本列島をはさむような状態で流れている。この2つの流れのよどみがオホーツク海でオホーツク海高気圧を作っているといわれる。そしてジェット気流が北上すると梅雨が明ける。

　　　　暖候期はチベット高原の北を流れ，40°N付近の上空を吹いている。

〔4-5〕　850hPa・200hPa 流線解析図（AUXT85，AUXT20，第4・4図(1)，(2)）

　　南北両半球の熱帯域を中心にして，北緯60°まで含めた流線図である。流線は空気の流れの模様を示すもので，大気の総観的な流れを知ることができる。

　　特に低緯度では，気圧による水平方向の傾きが小さいので，等圧線を引くとその間隔が大きくなり，偏東風内の波動や渦を十分表現し難い。850hPa面の流線解析によって，気流の流入状況から雲や降水，赤道収斂線あるいは熱帯低気圧の発生状況を知ることができる。

　　低緯度で2つの気流が幅広く合流しているところは赤道収斂線であり，吸い込み渦があると熱帯低気圧の発生が予想できる。

　　発生後は流線図の収束線に沿って進む法則がある。

　　また，流線は小さな系をよく表現するので，流線の変化は早目の天気変化を知るのにもよい。

　　流線模様の特徴を簡単に説明すると次のようになる。

波　　動：偏東風内に現れる乱れで中緯度での谷や尾根に相当する。

吸込み渦：流線は北半球では反時計回りで，中緯度の低気圧に相当する。

吹出し渦：流線は北半球では時計回りで，中緯度の高気圧に相当する。

中　立　点：収束しつつある流線と発散しつつある流線が交差する点である。

　　　　　　中立点では風はなく，気圧配置の鞍状部に相当する。

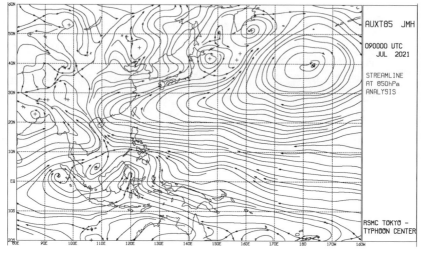

第4・4図（1）　850hPa 流線解析図

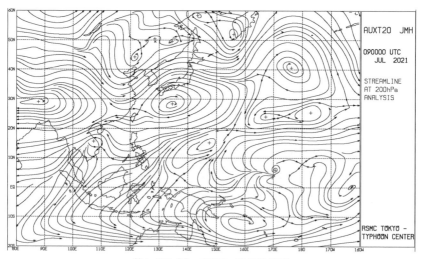

第4・4図（2）　200hPa 流線解析図

　200hPa 流線解析（約12,000m）は，熱帯では圏界面のやや下にある高度である。低緯度において，1日に経度3〜6°の速度で西に動く偏東風波動に注目するとよい。この谷が深まるとき，熱帯低気圧の発生が予測できる。

　夏季，山頂が7,000〜8,000mのヒマラヤ山脈と3,000m以上の高地が拡がるチベット高原での日射は平地に比べて強い。暖められた空気が上に押し上げられ対流圏上部でたまりチベット高気圧ができる。

　それまでチベットの南を流れていた亜熱帯ジェット気流は北上してチベット高気圧の北を通り日本上空〜太平洋にぬける。この亜熱帯ジェット気流の下に梅雨前線がある。

　第4・4図の850hPa 流線図では7月9日の1,500m付近の風の流れを表している。北太平洋高気圧が発達して日本の南岸から中国沿岸まで延びている。日本列島には南西風が吹き込んでいる。

　同日の第4・5図200hPa 流線図（12,000m）ではチベット高気圧が中国の東岸に達し，その先端が分離して日本の南岸にある。これが北太平洋高気圧の西端に重なり布団の二段重ねのようになって猛暑となる。

　流線図はその他に，「**FUXT852**」（850hPa，24時間予想図），「**FUXT854**」（同48時間予想図），「**FUXT202**」（200hPa，24時間予想図），「**FUXT204**」（同48時間予想図）がある。

　　(注) RSMC（Regional Specialty Meteorological Center：地域特別気象センター）

〔4-6〕　500hPa 温度，700hPa（T-Td）の24時間予想図 （FXFE572，第4・5図）

　雨の予報は難しい上に地域性がある。水蒸気流入の模様は850hPa，700hPa等圧面解析図で知ることができるが，これは実況値である。それをさらに進めた形で補完した予想図である。

　500hPa 面（約5,500m）での暖気や寒気の流入状況と700hPa 面（約3,000m）付近の水蒸気の模様から背の高い大規模な雨の予報が可能となる。この図の利用にあたっては，〔4-2〕850hPa，700hPa 等圧面解析図における一般的法則の中の雨の事項が参考になる。

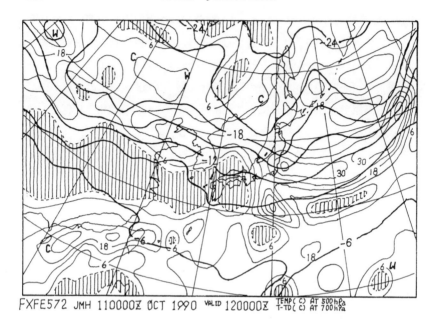

FXFE572 JMH 110000Z OCT 1990 VALID 120000Z TEMP(C) AT 500hPa
                                             T-Td(C) AT 700hPa

第4・5図　500hPa 温度，700hPa（T-Td）の24時間予想図

　図は500hPa面の温度を太い実線で3℃毎に表し，必要に応じて暖域（W），寒域（C）を示す。また，700hPa面での気温と露点温度の差（T-Td）を細い実線で6℃毎に等値線で表示している。そしてその差が3℃未満の多湿域を縦線模様で表している。

　第4・5図では，多湿の模様が西日本から大陸の中央部へ帯状に伸びている。この付近は，現在前線帯になっているが，大陸方面は弱い。九州付近に低気圧があり，多湿域となっている。今後，この多湿域の移動につれてかなりの降水量が見込まれる。

　この他に，「**FXFE573**」（同36時間予想図）がある。

〔4-7〕　**850hPa 気温・風，700hPa 上昇流解析図**（AXFE78，第4・6図）

　図は，850hPa面（地上1,500m）の風向・風速と気温を太い実線で，また700hPa面（地上3,000m）での鉛直 P－速度（時間あたりの気圧変化）を細い

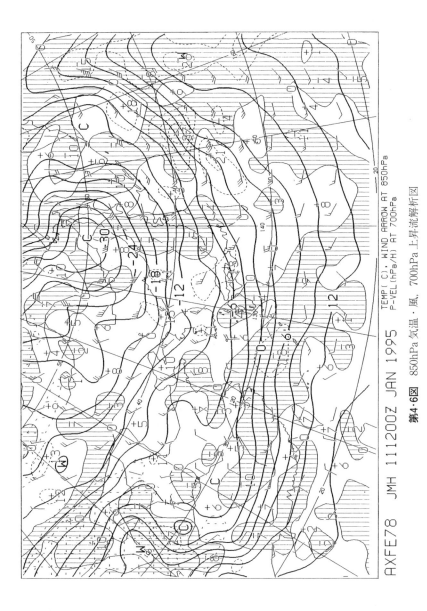

AXFE78 JMH 111200Z JAN 1995

TEMP(C). WIND ARROW AT 850hPa
P-VEL(hPa/H) AT 700hPa

第4・6図 850hPa気温・風、700hPa上昇流解析図

実線（鉛直流が０）と鉛直流を破線（＋，－値）で表している。

　縦線模様内が上昇気流（－）であり，白抜き内が下降気流（＋）である。

　静力学方程式から，$\varDelta P/\varDelta t = -\rho g \varDelta Z/\varDelta t$ が成り立つ。

$$\left(\begin{array}{l} \text{ただし，} \varDelta t : \text{時間差，} \varDelta Z : \text{高度差，} \varDelta P : \text{気圧差，} \varDelta Z/\varDelta t : \text{上昇速度} \\ \varDelta P/\varDelta t : \text{鉛直} P - \text{速度，} \rho : \text{空気の密度，} g : \text{重力の加速度} \end{array}\right)$$

　式から，$\varDelta Z/\varDelta t = 1\text{cm/sec}$ の上昇速度は，$\varDelta P/\varDelta t = 3\text{hPa/hr}$ の鉛直 P －速度に相当する。そして，上昇気流（$\varDelta Z/\varDelta t > 0$）域では図の鉛直 P －速度（$\varDelta P/\varDelta t < 0$）は負となり，下降気流（$\varDelta Z/\varDelta t < 0$）域では鉛直 P －速度は正となる。

　3,000mの高さは雲のでき始める所であり，そこで上昇気流（－）があれば，そこの気圧も下がる。つまり，発達した雲や降水の原因となる。また初期の背の低い低気圧があれば発達する目印となる。事実，天気の悪いときは上層の気圧の谷の東側に上昇気流（－）のあることが知られている。

　一般に地上低気圧の前面は上昇域（－）で天気が悪く，後面は下降域（＋）で天気が良い。

　前線や低気圧の活性化には上昇気流（－）を伴うので一般に空気は湿潤となる。したがって，湿潤域や曇雨天域の存在や移動は低気圧の発生や発達の手がかりとなる。

　日本のように四方を海に囲まれているところでは，暖候期はほとんど常に対流不安定になっているといえる。このように，上昇流分布図によって上昇気流や下降気流域の分布がわかる。

　また，この上昇流解析図を AUFE50（500hPa 高度・渦度解析図）の渦度分布と合わせて予報に利用することができる。

　その他，「**FXFE782**」（850hPa 気温・風，700hPa 上昇流24時間予想図），「**FXFE783**」（850hPa 気温・風，700hPa 上昇流36時間予想図），「**FXAS784**」（850hPa 気温・風，700hPa 上昇流48時間予想図），「**FXAS787**」（同72時間予想図）がある。

　　（注）　これを**850hPa 風・相当温位予想図**と組み合わせると天気現象の活発さが

わかる。

　相当温位の高い高温多湿な気層が移流して来て，その気層全体を持ち上げるような地形や前線面があると豪雨を発生しやすい。

　そのため，上昇流域と高相当温位の流入域が重なっているところは豪雨の対象となる。

　「**850hPa 風・相当温位予想図**」（第4・7図）を示した。この図の時期の日本の気温は大体25℃である。沖縄付近から伊豆諸島にかけて327〜336°Kの<u>混み合った高い相当温位線が伸びており，ここが前線の存在を示している</u>。かつその南に339°K以上の高い相当温位が拡がっていて，多量の水蒸気が南方から入り込んでおり大雨の条件を満たしていることがわかる。

　また，北海道東方にも混んだ相当温位線があってここが前線を示している。この付近の相当温位は312〜330°Kである。40kt以上の南風によってもたらされたもので，ここでも多くの雨が見込まれる。

　風を見ると，三陸沖を中心に左回転しており，ここに低気圧の中心域があることがわかる。

　次表に大雨の目安になる地表の気温に対する高相当温位を示す。

高相当温位の目安

地表の気温	850hPa面の気温 （未飽和）	相当温位 θ e （K） （湿数(T−Td) = 0 〜 3°）
約25℃	約15℃	334〜340°K
約30℃	約20℃	351〜361°K

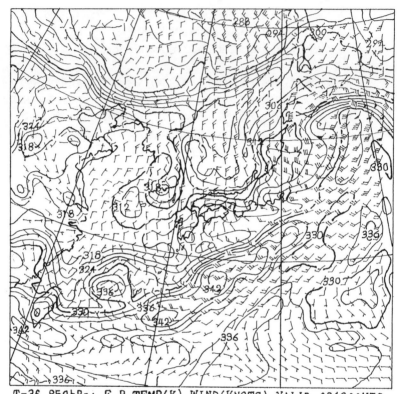

T=36 850hPa: E.P.TEMP(K),WIND(KNOTS) VALID 081200UTC

FXJP854　　070000UTC　OCT　1998

第4・7図　850hPa 風・相当温位予想図

〔4-8〕　**500hPa 高度・渦度解析図**（AUFE50，第4・8図）

　図中の実線が等高度線を示し，渦度は０の実線をはさんで，＋と−域が破線で示されている。渦度の等値線は20×10^{-6}/sec 毎に引かれている。

　縦線模様内が低気圧性の渦度（＋）であり，白抜き内が高気圧性の渦度（−）である。

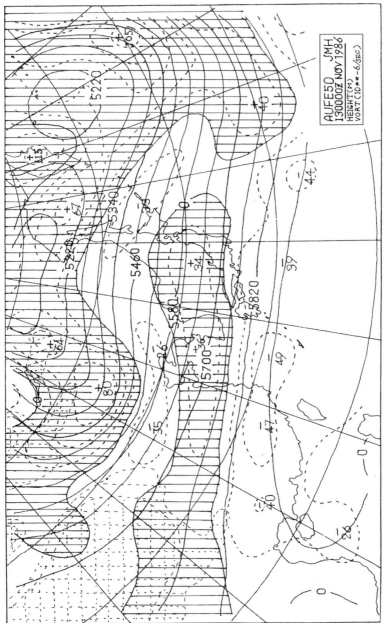

第4・8図　500hPa高度，渦度解析図

　鉛直軸の周りの回転運動を伴う流れの部分を渦といい，その回転角速度の2倍を渦度という。真っすぐな流れでも速度シアーのある部分には渦度が存在する。たとえば，西風の場で，南ほど風が強いとき，あるいは北ほど風が弱いところでは正の渦度となる。反対に，南ほど風が弱いとか，北ほど風が強いところでは負の渦度となる。

　このように，北半球では回転の向きが反時計回りであるときを正の渦度，あるいは低気圧性の渦度という。また，時計回りのときは負の渦度，あるいは高気圧性の渦度という。等高線の場から東西方向の風速分布を求めれば，各点の渦度が決まる。渦度の値の等しい点を結んでできた線の分布が渦度分布図（解析図）である。

渦度解析図の一般的法則

1　偏西風の風速極大帯では渦度が0である。つまり，風速極大帯より北では風が弱くなっているので正渦度となり，南でも風が弱くなっているので負渦度となる。したがって，その境界である風速極大帯では渦度が0となる。

2　渦度0の線が地上の前線に対応する。すなわち，対流圏中部の風速極大帯の下に地上の前線がある。実際は，渦度0のやや南側を地上の前線が走っていることが多い。

3　上層の気圧の谷の先端付近は，風のシアーが大きく，曲率も大きいから，正渦度の極大域にあたる。地上の低気圧は正渦度域の東側の下方にある。

4　正渦度の極大値の部分を上から次第に下へおろせばやがて低気圧の中心に連なる。この渦線の集合体が作る渦の管を**渦管**という。

　　渦管が上から下に向かって南東に伸びているとき，この傾きが大きいと（緯度にして5°以上），低気圧は今後も発達するエネルギーを持っている。この傾きが小さくなると発達が終り，衰弱に向かっている。そして，閉塞した低気圧ではこの傾きがなくなる。

5　地上低気圧と500hPa面の顕著な正渦度が対応すれば，この低気圧は背が高く活発である。対応する正渦度がないのは，下層だけの低気圧で規模も小さい。

6　正渦度と地上の低気圧や前線との関係は，上層の気圧の谷と地上の低気圧，前線との関係と同じものである。したがって，気圧の谷のかわりに正渦度を置きかえて考えればわかりやすい。

その他に「FXAS504」「FXAS507」の同48時間と72時間予想図がある。

〔4-9〕　**500hPa 高度・渦度，地上気圧・降水・風24時間予想図**（FUFE502，FSFE02，第4·9図）

　渦度は大気の一般流の中をあまり性質を変えずに，保存されながら流される。こうした性質を利用して将来の渦度分布図を作ったものである。500hPaは約5,500mの高度であり対流圏の中央に相当する。この高さに低気圧性（＋）の渦度の存在は低気圧の発達を示唆することになる。地上気圧・降水・風と合わせて放送されるので上空の状態と地上との関係を対比して見ることができる。また目的に応じて1日〜3日先の渦度分布を地上天気図や上昇流解析図と組み合わせながら利用することができる。

　第4·9図から，朝鮮半島北の西岸にζ＝172という渦度（ζ）がある。これをちなみに距離100kmについての風速差（x）で見ると17.2m/sということになる。

　（xm/s／100km＝$\zeta \times 10^{-6}$/s）

　ここには低気圧があり40mmの雨が予想されている。

　日本列島の南岸に南西〜北東に伸びる長い正の渦度域がある。地上の気圧を見ると大きく張り出した北太平洋高気圧が太平洋から日本列島をおおっている。この高気圧の東よりの風がその南より強いため長い正の渦度がのびている。

　そして500hPa の上空において西日本〜大陸にかけて高気圧があり，その勢力の強さがわかる。それに伴って各地共10月としては記録的な真夏日（30℃以上）が続いた。

　同種の図として，「**FUFE503**」「**FSFE03**」（同36時間予想図）がある。

〔4-10〕　**旬平均500hPa 高度・偏差予想図**（FEAS，第4·10図）

　旬日とは10日間を平均した500hPa 面の高度を実線で示している。その平均図に前回の平均図を減じると高度差が求まる。図中の線が高度の偏差であり，＋と－でその増減を表している。

　この図は時間的に平均されているため，偏西風の波長の短い波は消去されて

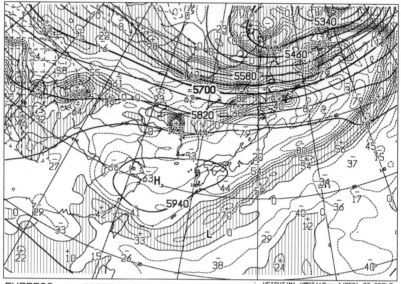

FUFE502 JMH 030000Z OCT 2021　VALID 040000Z　HEIGHT(M),VORT(10**-6/SEC) AT 500hPa

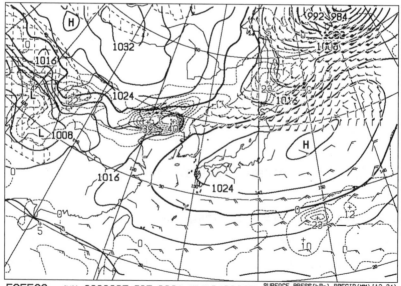

FSFE02　JMH 030000Z OCT 2021　VALID 040000Z　SURFACE PRESS(hPa),PRECIP(MM)(12-24)
WIND ARROW AT SURFACE

第4・9図　500hPa 高度・渦度，地上気圧・降水・風24時間予想図

しまい，より大きい流れの場を知ることができる。したがって＋や－の変化域の移動や深まりを知って，10日先程度の気象の変化を判断する資料として有効である。

　第4·10図から，上の2枚，すなわち3日～22日までが実況，下の1枚，23日～2日がその予想図である。実況では，大陸にあった－域も，23日～2日の予想図で，日本付近は0域か弱い－域で，東方海上の＋域も弱い。このことから，10日後まで大きな天気の崩れはなさそうである。

旬平均500hPa高度・偏差予想図の一般的法則
　　1　＋は尾根，－は谷と一般的に考えてよい。
　　2　大きな谷の場に＋域がある場合，この谷の場は浅くなるか，移動することが多い。
　　3　短波が消去され，長波以上の波が表現されている。
　　4　平均的な谷のところに－が東進して一層深まれば，その東側で低気圧の発生や発達が起きる。＋が谷に入ればその逆で，低気圧の発達はあまりない。
　　5　尾根の場に＋が東進（あるいは西進）して強まれば，さらに高気圧は発達するか，停滞性となる。

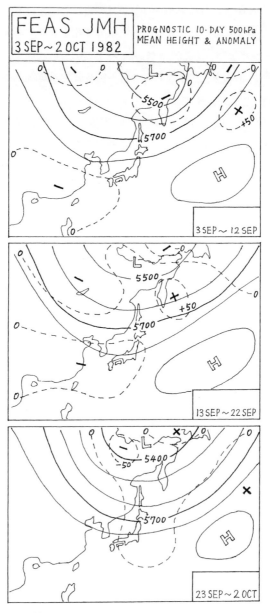

第4・10図　旬平均500hPa高度，偏差予想図

第5章　北半球天気図

〔5-1〕　北半球天気図

　北半球天気図は大気の大きな流れを知るうえで重要な図であり，高層気象の理解に役立つと思われる。

　北極を中心にして描かれた図であり，北半球の模様を一目で見ることができる。

　500hpa 面を中心にした天気図が多く，第4章 高層天気図の続編になる。これらは平均図であり，偏西風の波動の動きを見るとき，その原因は遠くヨーロッパあたりから起こり，やがて日本にもその影響が及んでくるものである。したがって，その動きを知るには北半球天気図がよいことがわかる。つまり，期間の長い週間予報や1ヵ月以上の季節予報には北半球天気図は欠かせないものである。

500hPa 面の平均図から一般的に言える基本的法則

　　1　平均的な谷の東側や尾根の西側では，大気の流れが南西の場であり，地上低気圧が発生しやすい。また，低気圧は発達しながら北上する傾向をもち，速度も速い。また，地上低気圧や前線の活動が活発で天気が悪くなりやすい。

　　2　平均的な谷の西側や尾根の東側では，北西流の場となっており，低気圧は発達しにくく，前線も不活発である。反対に高気圧が発達しやすく，天気が良いことが多い。

〔5-2〕　北半球月平均地上気圧図　(CSXN 1，第5・1図)

　1ヵ月の気圧を平均したものである。これによって各月の平均気圧図が入手でき，季節的な高気圧や低気圧の位置，その平均の中心示度，等圧線，そして気圧配置などがわかる。

　1年を通しての気候的な移り変わりを見ることができる。また，季節を通じ
ての気候図としての役割をもっている。

　第5・1図から，日本近海の様子をみると，3月とはいえ，大陸高気圧，ア
リューシャン低気圧，亜熱帯高気圧の配置からまだ冬型の気圧配置になってい

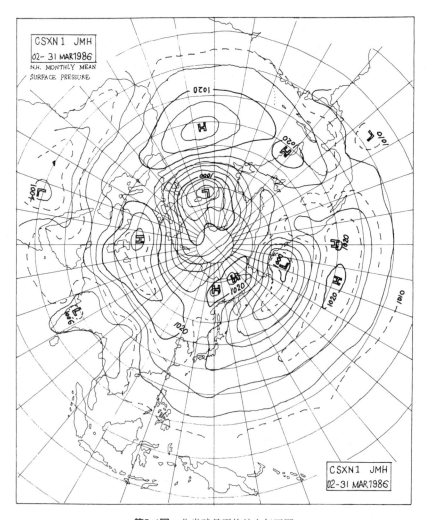

第5・1図　北半球月平均地上気圧図

ることがわかる。

〔5-3〕　北半球月平均地上気圧偏差図（CSXN2，第5・2図）

　この図は，平年の月平均気圧と，求める月の平均気圧との差を図に示したもので，2 hPa 毎の実線で描かれている。＋が平年値より高く，－が平年値よ

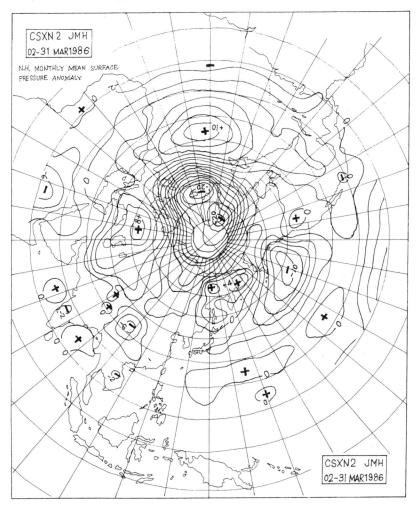

第5・2図　北半球月平均地上気圧偏差図

り低いことを示している。各月の平年と比べた場合のその年の気候的な違いがわかる。

　第5・2図から，この年3月の平均気圧はカムチャッカ半島付近では平年より気圧が高く，本邦東岸から東では平年より気圧が低く，北米西岸で最大となっている。したがってこの月は例年よりも本邦の東岸を通った低気圧がやや多かったことが想像できる。実際は，首都圏に彼岸の大雪があったり，関東以西の太平洋側で降水量が例年より多かった。

〔5-4〕　北半球500hPa 高度・気温解析図（AUXN50，第5・3図）

　ある地域の天気予報をするのには，そこにいつ頃高気圧や低気圧が通るかを知る必要がある。その場合，高・低気圧は短波の動きにつれて移動する。短波は波長が短く，振幅も小さい。波長は1,000～3,000kmで，波数が7～12で地球を取り巻いている。速度は経度にして1日平均10°位東に進む。夏は7～8°，冬は10～12°，春・秋は10°位である。したがって，この短波の動きを追跡することが大事である。短波を見るには700hPa 等圧面解析図や500hPa 等圧面解析図がよい。

　そして一般にヨーロッパの気圧の谷が10日後に，ロシアのモスクワ付近の気圧の谷が7日後に日本に影響を及ぼすと考えられる。この場合，短波の気圧の谷を追跡するのに，長い間には速度の進み遅れがあったり，谷の勢力の消長があるため，追跡は必ずしも簡単ではない。短波の動きを左右するのは，大気の大きな流れである長波である。

　長波の波長は6,000km以上，経度にして90～120°，波はふつう3～4個で地球を取り巻いている。この長波は動きが遅く，数日停滞したり，それが1週間以上続くこともある。数日から1週間先までの天気予報を考える場合には，長波の動きを予想し，大規模パターンがどのような場を作るかを知ることである。偏西風の流れが東西流型であれば気圧系の動きも順調に東進し，蛇行型であれば低気圧が発達しやすく，速度にも速い遅いがあって，複雑な動きをする。

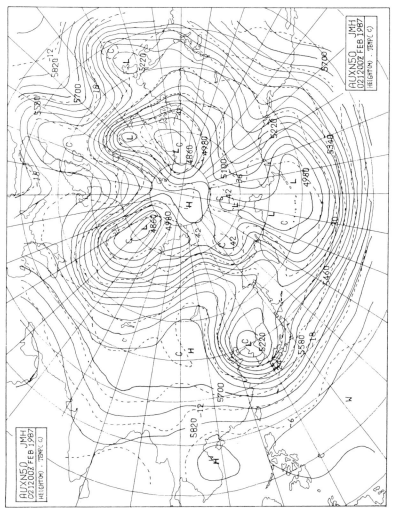

第5・3図　北半球500hPa高度・気温解析図

〔5-5〕　北半球 5 日平均500hPa 高度図（CUXN，第5·4図），同偏差図（CUXN

　　　　1，第5·5図）

　第5·4図は，5 日毎の北半球の高度平均を表したものである。これは，当日を含めて前の 3 日間の実況値とその後 2 日間の予想値の計 5 日間を平均したもので100m毎に引かれている。

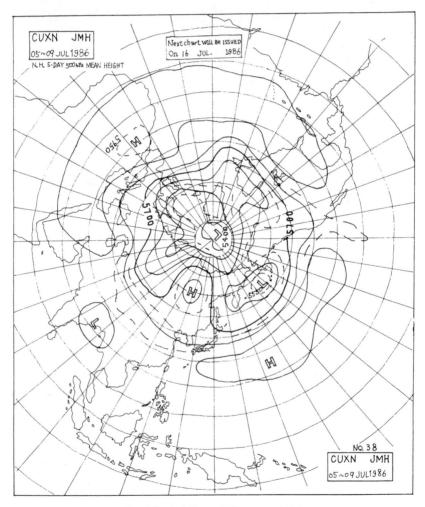

第5·4図　北半球 5 日平均500hPa 高度図

　第5・5図は，新しい高度平均図と前回の高度平均図との差を図にしたもので，
それぞれの高度差を求め，その偏差を50m毎に引いている。

5日平均500hPa高度，同偏差図の一般的法則

　　1　〔5-7〕節の「超長波・長波合成，空間平均偏差図」と同じ内容の傾向をもっ
　　　　ている。

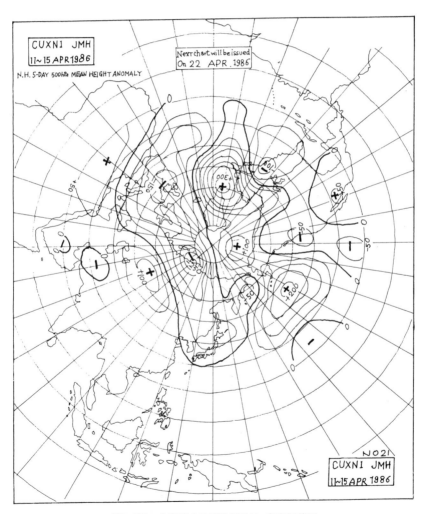

第5・5図　北半球5日平均500hPa高度偏差図

2　ただし，「超長波・長波合成」では波数が5までの解析によいが，「5日平均
　　図」では，暖候期の梅雨期から夏期にかけて波数が6～7になる場合でも有効
　　である。

3　長波性のため，谷や尾根の動きは遅い。

4　高度偏差の＋，－は前回放送（3,4日前）との高度差である。

5　＋は尾根（高気圧性），－は谷（低気圧性）で移動性である。

6　平均的な谷のところへ，－が東進して一層深まれば，その東側で低気圧の発
　　生や発達が起きる。＋が谷に入れば低気圧の活動は弱まる。

7　平均的な尾根に，＋が東進（あるいは西進する場合もある）して強まれば，
　　高気圧はさらに発達するか，持続性となる。－が尾根に入れば高気圧の活動は
　　弱まる。

〔5-6〕　北半球月平均500hPa 高度図（CUXN2，第5・6図），同偏差図（CUXN3，第5・7図）

　　前節に比べ，さらに長い期間の1ヵ月間の高度を平均したものが第5・6図
である。超長波のみが残り，波数2～3で地球を取り巻いている。基本的な考
え方は今までと全く同じであり，さらに長期的な1ヵ月とか3ヵ月予報などの
気候的な基調場（ベース）として使われる。低気圧が年間を通して，極地方の
上層に存在するが，これを極渦という。

　　第5・7図は同期間の平年図との差を表したものである。各図の平年からの隔
たりがわかり，その年の季節的特徴を推定することができる。

　　（注）　極渦指数：

　　　　　　北極付近に作られる極うずの発達の程度を見る指数。70°と80°の高度偏差
　　　　　の和として求める。極付近の寒気蓄積の度合いを見るものである。極うず指
　　　　　数が正（極付近の高度が高い）であれば，極の寒気が中緯度側に放出されて
　　　　　いる状況であり，負（極付近の高度が低い）であれば，極付近に寒気を蓄積
　　　　　している状況であると判断することができる。

　　　　　　第5・7図からは，負の状況であることがわかるので，現在は寒気を蓄積して
　　　　　いるといえる。

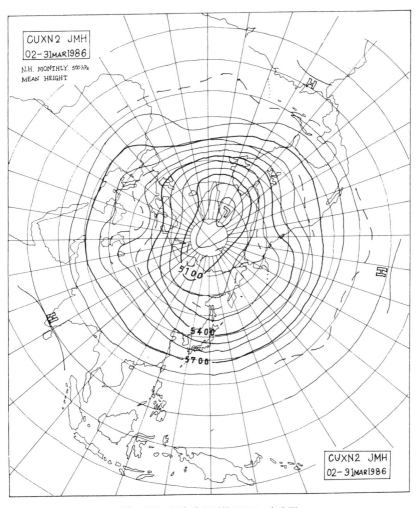

第5・6図　北半球月平均500hPa高度図

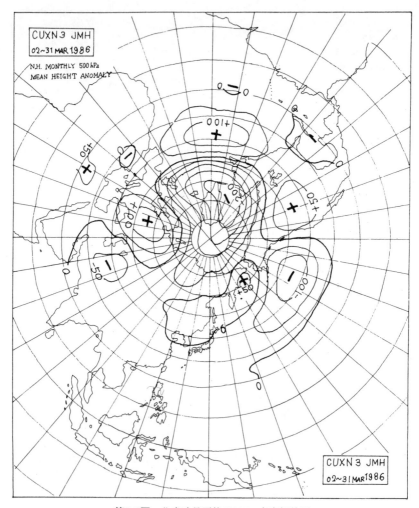

第5・7図　北半球月平均500hPa高度偏差図

〔5-7〕　北半球500hPa超長波・長波合成，空間平均偏差図（AXXN，第5・8図）

　500hPa等圧面天気図から各緯度毎に高度を調和解析し，これから波数解析された波のうち，波数0〜5までの波を合成したものが，超長波・長波合成であり，図中の実線で示された等高度線で，60m毎に引かれている。

　一方，500hPa等圧面天気図を762kmの範囲（空間）で平均し，これを平滑にした空間平均天気図から半旬平均平年値を減じると，空間平均平年偏差の高度差が得られる。図中の破線で示され60m毎に引かれている。この空間平均偏差では，波長3,000km以下の短波性の波はほとんど除去され，偏差線に現れている，＋や－の偏差域は長波級の大きな波である。

500hPa超長波・長波合成，空間平均偏差図の一般的法則

　　1　超長波・長波合成では，同緯度に谷がいくつあるかによって，たとえば4つであれば4波数型と呼ぶ。寒候期には波長の長い波（波数2〜4）が卓越し，暖候期には冬より短い波（波数4〜7）が卓越する。波数が6〜7の場合は解析されないので注意する。

　　2　空間平均偏差の＋や－域は平年値に比べて高度が高いか低いかを表している。

　　3　偏差域の＋は地上の高温，－域は地上の低温に対応することが多い。

　　4　－域が北側，＋域が南側の場合は，境界付近が前線帯になりやすい。また，気圧系の動きは順調に東進する。

　　5　－域が南側，＋域が北側の場合は，境界付近の偏差西風がふつうより弱く，前線帯となりにくい。また気圧系の動きも遅い。

　　6　－域の軸は超長波・長波の谷に，＋域の軸は尾根に対応している。

　第5・8図に関し，正の空間偏差（＋120m）になっている日本はこの年の1月は暖冬となり，大きい負の偏差（－300m）を示しているヨーロッパは記録的大寒波に見舞われた。またヨーロッパの西岸では－域が南に，＋域が北にあって気圧系の動きは緩慢であった。

〔5-8〕　北半球半旬平均100hPa高度図（CUXN5，第5・9図）

　100hPa面の5日平均の高度図である。地上16km付近の天気図であり，成層圏の下部にあたる。

　この天気図の目的はチベット高気圧の動静をつかむことにある。たとえば，

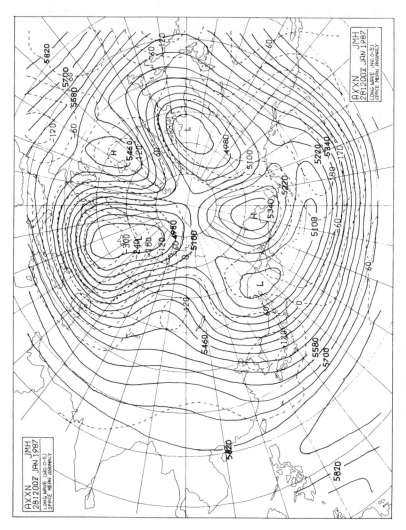

第5・8図　北半球500hPa超長波・長波合成、空間平均偏差図

　6月から7月にかけてチベット高気圧が張り出し，西日本が偏東風に変わると梅雨が明けるといわれている。

　第5・9図からは，梅雨も後半に入ってきたが，日本はまだ高気圧の北側にあたり，西日本ではまだ西風が吹いている。梅雨明けはもう少し先のようである。

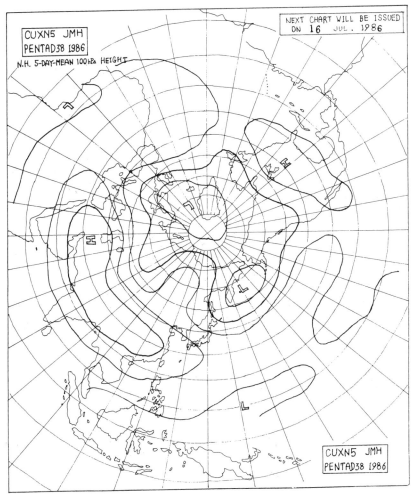

第5・9図　北半球半旬平均100hPa 高度図

　夏にチベット高気圧の東への張り出しと，北太平洋高気圧の西への張り出し
が強く，日本をおおうと，下層から上層まで高気圧となって暑い夏となる。

　また，冬季にチベット高気圧から送り込まれた乾燥域が流入すると，上層で
の発散によって対流活動が活発になる。したがって域内での悪天が予想される
のである。

　一方，アラスカ方面で尾根が発達し，極渦が東半球に偏位すると日本付近の
地上の寒冷前線が南下する。

第6章 海 況 図

　海は地球の全面積の70.8%を占め，陸地は29.2%に相当する。ところで北半球は海洋と陸地の比率が6：4で，南半球では8：2になっている。

　このように広い海洋を移動する船舶にとっては，気象に劣らず，海況の変化は船の安全性だけでなく，経済運航面でも重要である。

　ここでは，ＪＭＨから放送される，波浪・海水温・海流・海氷図などについてまとめてある。

〔6-1〕 外洋波浪解析図（AWPN，第6・1図）

　洋上の船舶，沿岸の観測所からの資料をもとに，コンピューターで波浪の状況を解析した図である。

　1m毎の等波高線，卓越波向（風浪とうねりがあるときは，どちらか波高の大きい波の方向），高気圧・低気圧の中心位置と中心示度，前線の位置，船舶気象実況値（風向，風速，風浪・うねりの方向，周期，波高）および混乱波の発生海域などが示されている。この図の活用は，船舶の航行安全，経済運航，海難防止にとって大事である。

波浪図を見る場合の注意事項

1　波高は風浪・うねりとも有義波高である。
2　等波高線は風浪とうねりの合成波で，

$$\sqrt{(風浪の波高)^2+(うねりの波高)^2}$$

　として計算される。
3　沿岸50海里以上の観測資料を用いるから，沿岸や海底の地形による波の変形効果は考慮していない。したがって沿岸を航行する場合は，変形による磯波，海潮流による潮波についても考える必要がある。
4　黒潮を横断したり，逆航したりする場合，黒潮の影響を考えなくてはならない。たとえば，2〜3ktの海流に対し，10〜15m/sの風が反対方向に吹いて

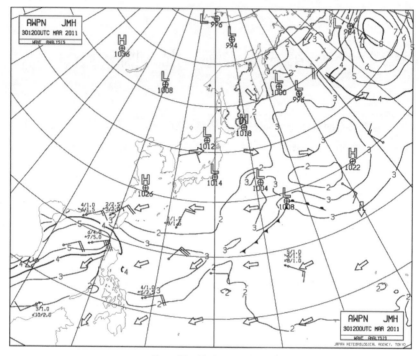

第6・1図　外洋波浪解析図

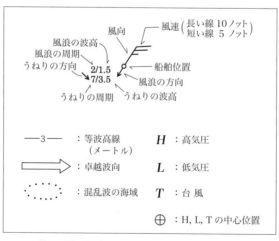

第6・2図　観測データの表し方と記号の説明

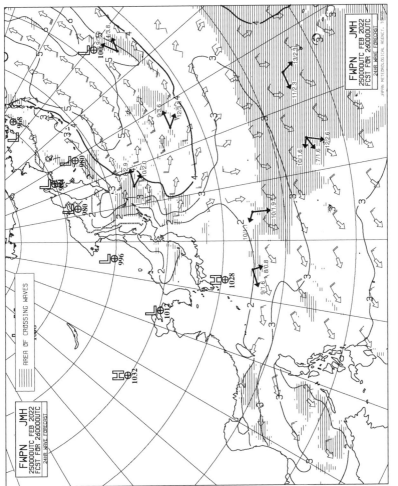

第6・3図　外洋波浪24時間予想図

いる場合，海流のないときの20〜30％程度波が高くなり，険しい波になる。風
浪の周期が短ければくだけ波となる。

　冬季，シベリアの寒気と黒潮の温暖な海流の間では，気団が不安定となって，
気圧傾度から推定される風よりも強い風や突風が局地的に吹くので，混乱波が
生じやすい。

〔6-2〕　外洋波浪24時間予想図（FWPN，第6・3図）

　当日の00Zから24時間後の1／3有義波の予想分布図である。自船が1日後
に達する海域の波浪状況が予想できるので，航行上非常に有意義である。

　図には，1m毎の等波高線，高気圧・低気圧の予想位置と中心示度，前線系
の予想，主要海域におけるうねりの交叉海域，周期・波高，そして風向・風
速，卓越波向が示されている。

　予想図の作成には，大型電子計算機による数値波浪予想計算が行われる。計
算格子点間隔が381kmと広いので，小低気圧は計算からもれたり，また急に発
達する低気圧の追跡が不良となることがあるので，急激に変化する気象現象に
対して予想図の精度が悪くなることがある。予想図の利用に際し，自船の観測
や経験による観天望気も合わせて利用するのがよい。予想図の精度は，翌日の
実況図と比較することでチェックすることができる。

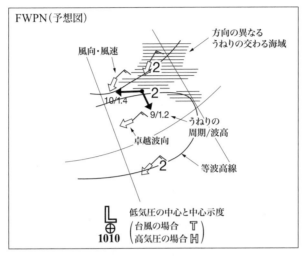

第6・4図　予想図記号の説明

〔6-3〕**外洋波浪12・24・48・72時間予想図**（FWPN07，第6・5図）

　半日から3日先までの日本近海における波浪予想図である。波浪の向きと周期，等波高線が記入されている。これによって波浪の発達や衰弱の過程や波浪の移動の様子が分かる。

　第6・5図は冬，1月の波浪状況の一例である。アリューシャン列島付近には高い波浪の海域があり，カムチャツカ半島東岸にかけて6m～8mの波が形を変えながら存在している。

　一方，日本東岸の波高4mの波は次第に東方へと移動しながら，東の海上で5mと発達して，アリューシャン南方の波浪域と合体し，広い範囲にわたって高波高域を形成している。この間，日本沿岸は比較的穏やかだが，3日（72時間）後には，また東岸で波の発達傾向（3m）が見てとれる。

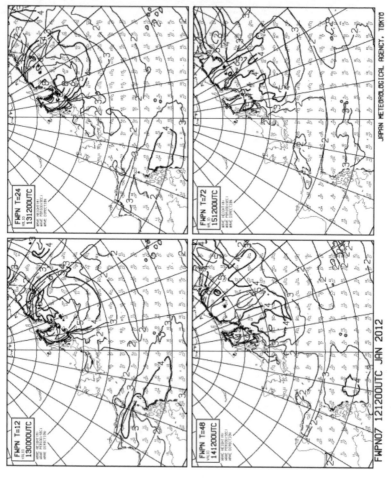

第6・5図　外洋波浪12・24・48・72時間予想図

〔6-4〕　**沿岸波浪図**（AWJP，第6・6図）

　沿岸波浪図は，実況図（AWJP）と24時間予想図（FWJP）が放送されているが，両者ともほぼ同じ型式で表されている。ここでは，実況図を示した。

　外洋とは違って本邦沿岸と近海の波浪の様子を知ることができる。

　沿岸波浪予報モデルは，外洋から進入してくる波浪の島や半島など，地形による遮蔽効果と沿岸域で局地的に発生する風浪の2つを考え，10kmの細かい格子から電子計算機を用いて理論的に計算する。

　図の説明は次のとおりである。

① 　有義波高を1m間隔（0.5m毎に補助線）で等値線表示している。また，近海の代表的な所では卓越波向を矢印で，横に卓越周期を数字で示している。合成波のため，付記してある風向とは必ずしも一致しない。

② 　日本の沿岸代表点（A～Z）の表については，卓越波向（16方位），卓越周期（秒），有義波高（0.1m）が，そして風向（16方位），風速（m/s）が表になっている。A～Zの位置は図中に英字で示してある。

③ 　番号3桁の表は，気象庁の沿岸波浪計（6カ所）で観測された有義周期T（秒）と有義波高H（0.1m）で，3桁の数字は地点番号を表している。

　　なお予想図の縦線模様（｜｜｜｜）は波が海流と反方位で波がやや高い海域を示している（Rough Waves）。

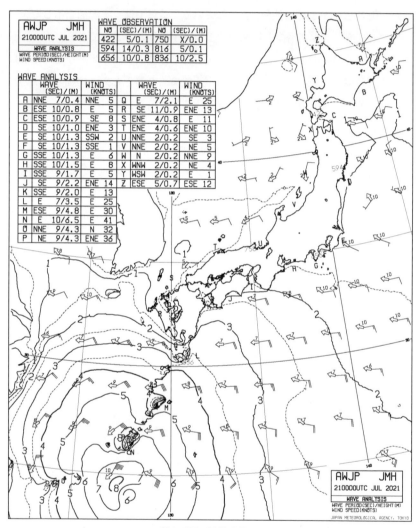

第6・6図　沿岸波浪図

第6・1表　沿岸代表点

記　号	海　　　　　　域	記　号	海　　　　　　域
A	網走沖	N	沖縄島沖（太平洋側）
B	釧路沖	O	石垣島沖
C	津軽海峡（太平洋側）	P	沖縄島沖（東シナ海側）
D	金華山沖	Q	薩摩半島沖
E	房総半島沖	R	天草灘
F	相模湾	S	玄海灘
G	伊豆半島沖	T	島根半島沖
H	遠州灘	U	若狭湾
I	紀伊水道	V	富山湾
J	土佐湾	W	酒田沖
K	豊後水道	X	津軽海峡（日本海側）
L	種子島東方沖	Y	石狩湾
M	奄美大島沖	Z	宗谷海峡

第6・2表　沿岸波浪観測地点

番　号	観測地（観測官署）	番　号	観測地（観測官署）
422	上ノ国（北海道）	750	経ヶ岬（京都）
594	唐桑（宮城）	816	生月島（長崎）
656	石廊崎（静岡）	836	屋久島（鹿児島）

〔6-5〕　**北西太平洋海流・表層水温図**（SOPQ，第6・7図）

　海流の動向は商船や漁船にとって関心の深い事柄である。

　図は，船舶からの GEK 観測データと TRACKOB による偏流データによる海流を旬日（10日）毎に表すものである。黒潮・北赤道海流・赤道反流の主な海流分布と水深100mでの水温を表示してある。

　漁業や海洋工学，あるいは海洋・気象の調査研究には海面水温と並んで表層水温の資料も大事である。

　この観測資料は BT 観測によるものが大部分で，IOC と WMO の合同で行われている IGOSS 計画の一環として行われている。このようにして得られた資料をもとに経緯度20分毎の平均値を求め，10日平均の等温線を2℃毎に引い

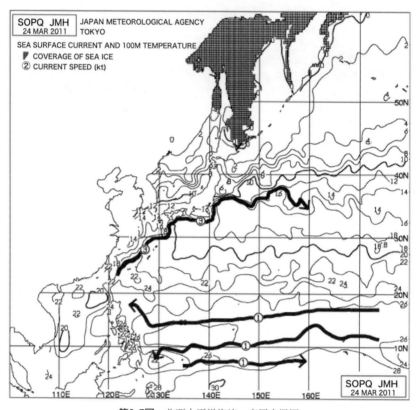

第6・7図　北西太平洋海流・表層水温図

たものである。

　また，この水温分布からも海流の状態を知ることができる。まず，北半球で
は海流は流れを背にして右側に暖水，左側に冷水をみる方向に流れる。そし
て，等温線の混んだ海域が海流の強い部分にあたる。

　　　(注)　　BT（Bathythermograph：自記水温水深計）

　　　　　　IOC（Intergovernmental Oceanographic Commission：政府間海洋学委員
　　　　　　会）

　　　　　　WMO（World Meteorological Organization：世界気象機関）

　　　　　　IGOSS（Integrated Global Ocean Station System：全地球海洋観測組織）

　　　　　　GEK（Geomagnetic Electrokinetograph，電磁海流計）

TRACKOB（航路海面観測通報式，航行船舶が観測した水温と海流のデータを通報する通報式である。）

〔6-6〕　**海氷図**（STPN，第6・8図），**海氷48・168時間予想図**（FIOH04, 16, 第6・9図）

　気象衛星やその他の観測資料をもとに，日本海，黄海北部およびオホーツク海海域の海氷状況および海面水温を解析した図である。主に漁業関係者に用いられるが，結氷期間の毎週2回放送されている。

　海氷状況は密接度（CONCENTRATION）の記号で，水温は等温線の実線で示している。その他に「**FIOH04**」（48時間予想，2日先），「**FIOH16**」（168時間予想，7日先）の予想図（第6・9図）があり，北海道北方の海氷状況を詳しく表している。これから，海氷の発達状況や衰弱状況が見てとれる。

第6・3表　密接度と流氷域

記号	密接度	流氷域の分類
	$^9/_{10}\sim{}^{10}/_{10}$	最密氷域または全密接氷域
	$^7/_{10}\sim{}^8/_{10}$	密氷域
	$^4/_{10}\sim{}^6/_{10}$	疎氷域
	$^1/_{10}\sim{}^3/_{10}$	分離氷域
	$<{}^1/_{10}$	開放水面域
	New Ice	新成氷

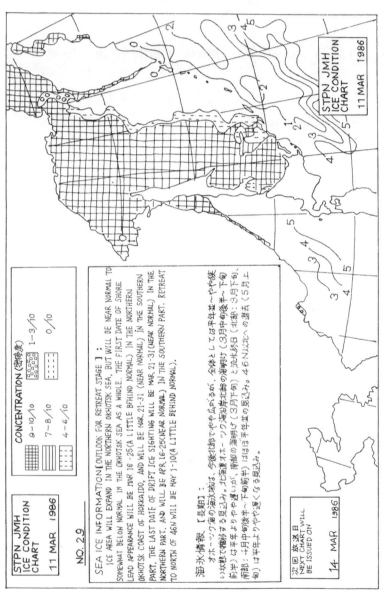

STPN JMH
ICE CONDITION
CHART

11 MAR 1986

NO.29

CONCENTRATION（密接度）

	9-10/10		1-3/10
	7-8/10		0/10
	4-6/10		

SEA ICE INFORMATION〔OUTLOOK FOR RETREAT STAGE〕:
ICE AREA WILL EXPAND IN THE NORTHERN OKHOTSK SEA, BUT WILL BE NEAR NORMAL TO
SOMEWHAT BELOW NORMAL IN THE OKHOTSK SEA AS A WHOLE. THE FIRST DATE OF SHORE
LEAD APPEARANCE WILL BE MAR.16-25(A LITTLE BEHIND NORMAL) IN THE NORTHERN
OKHOTSK COAST OF HOKKAIDO, AND WILL BE MAR.21-31 (NEAR NORMAL) IN THE SOUTHERN
PART. THE LAST DATE OF DRIFT ICE SIGHTING WILL BE MAR. 21-31(NEAR NORMAL) IN THE
NORTHERN PART. AND WILL BE APR.16-25(NEAR NORMAL) IN THE SOUTHERN PART. RETREAT
TO NORTH OF 46N WILL BE MAY 1-10(A LITTLE BEHIND NORMAL).

海氷情報〔長期〕:
　オホーツク海の海氷域は、今後北部でやや広がるが、全体としては平年並～やや後
い状態で推移する見込み。北海道オホーツク海沿岸北部の海明け（3月中旬後半～下旬
前半）は平年よりやや遅いが、南部の海明け（3月下旬）と流氷終日（北部:3月下旬、
南部:4月中旬後半～下旬前半）はほぼ平年並の見込み。46Nに北への退去（5月上
旬）は平年よりやや遅くなる見込み。

次回放送日
NEXT CHART WILL
BE ISSUED ON

14 MAR 1986

STPN JMH
ICE CONDITION
CHART

11 MAR 1986

第6・8図　海氷図

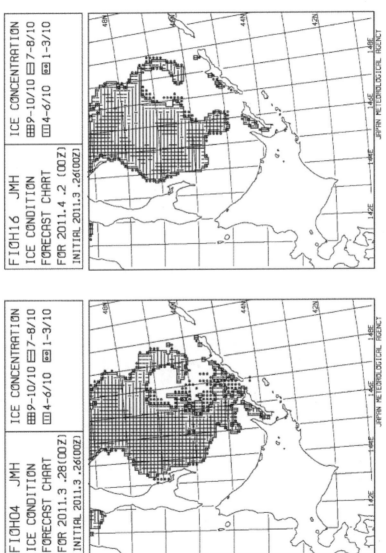

第6・9図　海氷48・168時間予想図

〔6-7〕　**北西太平洋海面水温図（日平均）**（COPQ1，第6・10図），**同偏差図**
　　　　（COPQ2，第6・11図）

　商船，漁船から通報される海面水温資料を中心に，気象観測船・測量船・調
査船・自衛艦等の海洋観測資料及び気象庁の海洋気象ブイロボットの通報資料
をもとに解析したものである。海域は0～53°N，110～180°Eであり，電子計
算機で処理した後，経緯度1°升目毎の平均値を記入し，これをもとに1℃毎
の等温線を描いている。なお，船舶資料の少ない海域では静止気象衛星「ひま
わり」により得られた資料も参照している。

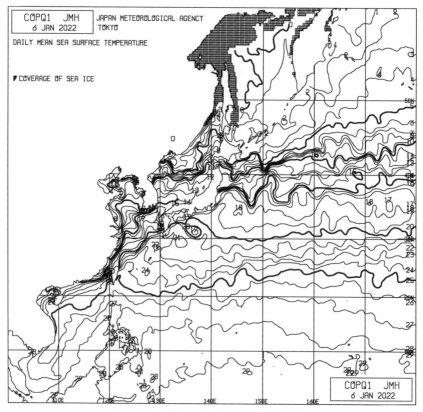

第6・10図　北西太平洋海面水温図（日平均）

　空間で約100kmであるため，潮目・極前線の位置，急激な変化などの細かい情報が十分でないことがある。

　その他，冬季であれば海氷の縁辺の位置も記入される。

　偏差図では過去30年の平均値からの偏差値である。図は白抜きが平年より高く，点模様が平年より低いことを意味し，点線が0.5℃，実線が1℃間隔である。

〔6-8〕　**太平洋海面水温図（旬平均），同偏差図**（COPA，第6・12図(1)，(2)）

　人工衛星のリモート・センシングによる海洋観測は技術の進歩と共に，海面

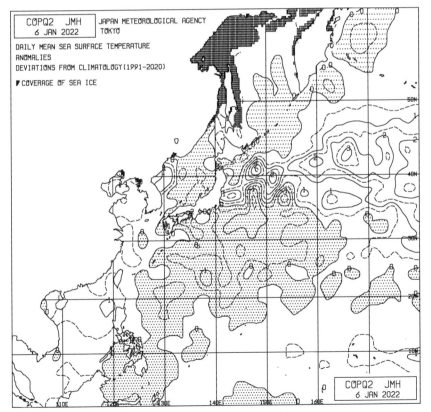

第6・11図　北西太平洋海面水温偏差図（日平均）

水温から海流，波浪，プランクトンへと観測の対称が広がっている。

　水温図の場合，海面から水温に比例した強度の赤外線が放射されていることを利用する。ただ，この場合2つの問題がある。第一は雲の影響を除くこと，第二は空気中の水蒸気による赤外線吸収の補正をしなければならない。「ひまわり」では大気中の水蒸気量を実測できないので，その累年統計値を用いて補正を加えている。このため，赤道海域付近では必ずしも十分な補正ができるわけではなく，2℃前後の誤差が出ることがあり，今後の改善が待たれる。

　こうして得られた「ひまわり」の赤外放射計によるデータを補ううえで，船舶からの海洋観測と海洋気象ブイ・ロボットによるデータを加味している。

　このようにして求められた経緯度1°升目毎の日平均海面水温から旬平均海面水温図を作成している。この場合，南北両半球に及ぶ広大な面積をカバーできることがこの図の特徴である。

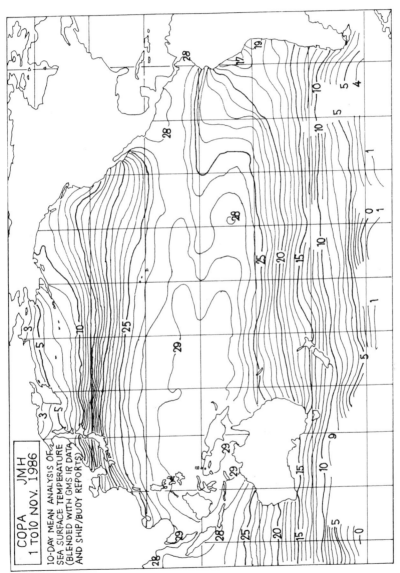

第6・12図 (1) 太平洋海面水温図 (旬平均)

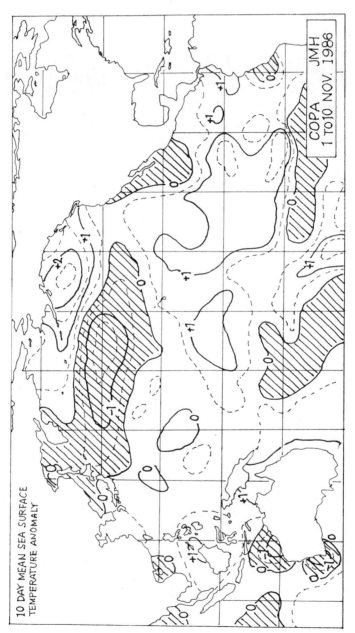

第6・12図　(2)　太平洋海面水温偏差図　(旬平均)

第7章　ＪＪＣ放送図と解説

　北太平洋を航行する船舶向けの放送として共同通信社（JJC）から送られて
くる気象，海象関係の放送図をこの章で紹介する。

　これらの放送図は日本気象協会あるいは海上保安庁が作成し，一定契約をし
た船舶に対して共同通信社（JJC）から通報するものである。

〔7-1〕　天気図（第7・1図）

　この天気図は日本式天気記号によって表されているので，国内で発行される
新聞等と同じ形式であり，親しみやすくわかりやすい。図の範囲も日本を中心
にした極東域の天気図である。なお，図の右側には「海上気象解説」が加えて
あるのでこれによって気圧系の移動状況や発達状況を知ることができる。

〔7-2〕　北太平洋波浪概況図（第7・2図）

　図は，気象庁の外洋波浪図と同じ方法による等波高線（実線）で示したもの
で，北太平洋と南支那海が対象域である。その他，図には，前線，高気圧
（⊗H）・低気圧（⊗L）の位置と中心気圧および過去24時間の動き
（──▶），風向・風速（kt），卓越波向（──▶），高波高域の動き（－－▶），
霧出現域（‿‿）），そして風浪階級の英語名が略号で，必要に応じて加えられ
る。たとえば VR は Very Rough である。

　なお，上段には風・波浪を主とした気象概況と予報の解説がある。

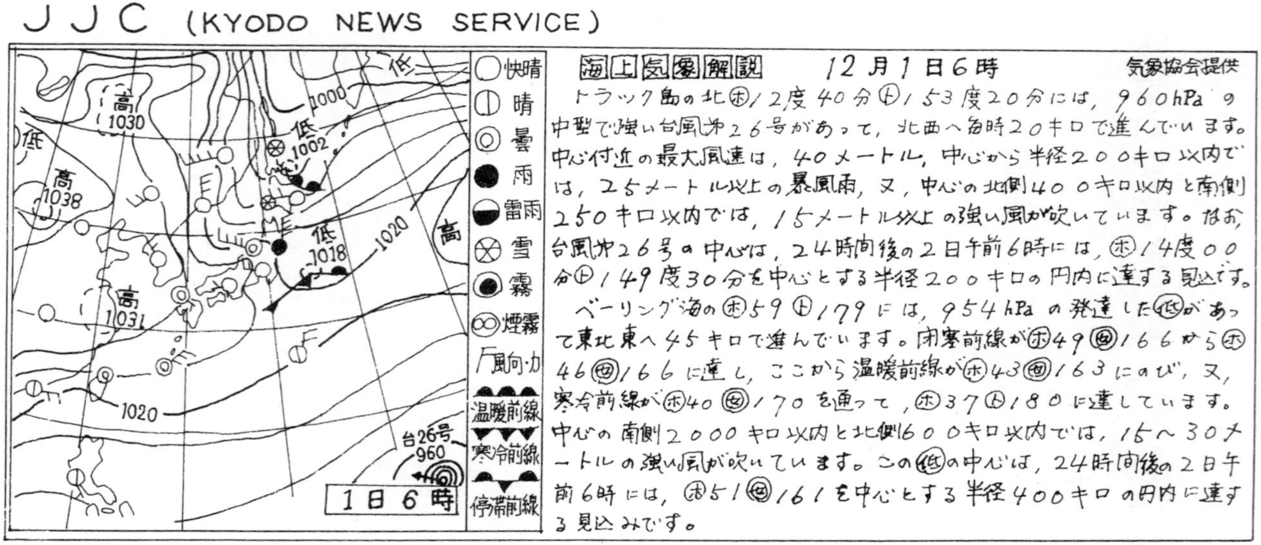

JJC (KYODO NEWS SERVICE)

海上図図園解説　12月1日6時　気象協会提供

トラック島の北の⊕/2度40分⊕/5・3度20分には、960hPaの中型で強い台風26号があって、北西へ毎時20キロで進んでいます。中心付近の最大風速は、40メートル、中心から半径200キロ以内では、25メートル以上の暴風域、又、中心の南側400キロ以内と南側250キロ以内では、15メートル以上の強い風が吹いています。台風第26号を中心とする半径200キロの円内に達する見込みは、⊕/4度00分、⊕/5・9度30分を中心とする半径200キロの円内の発達した⊕/6/9から⊕/7・2は、954hPaの中心気圧となっています。⊕/7・9/8/0を通って、⊕/7・2に達しています。又、グリーン海の⊕/5・9・・・⊕/4/6から⊕/・・・・東比東くらキロに達しています。ここから温暖前線が⊕/43⊕/6/3につない、又、⊕37⊕/8/0を通って、⊕37⊕/8/0を通って、寒冷前線が⊕40⊕/70を通って、⊕のこの中心から半径2000キロ以内の⊕/60のキロ以内では、16～30メートルの強い風が吹いています。この⊕の中心は、24時間後の2日午前6時には、⊕の中心とする半径400キロの円内に達する見込みです。前6時には、⊕5・/⊕/6/を中心とする半径400キロの円内に達する見込みです。

晴 ○　快晴　　薄曇　曇　　雨　雷雨　雪　霧
煙霧　⊗〇　周囲力
温暖前線　寒冷前線　停滞前線

高　低　1020　1018　1002　1000　1030　1031　1038　台26号　960　1020　1日6時

第7・1図　天気図

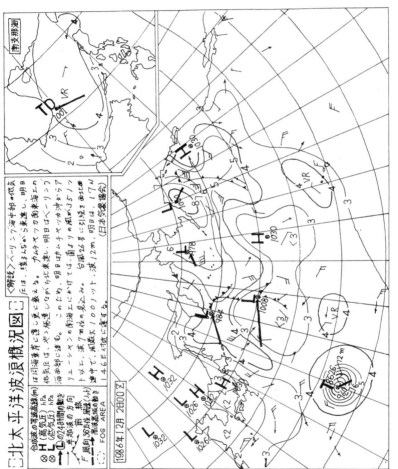

第7・2図　北太平洋波浪概況図

〔7-3〕　**海流推測図**（第7·3図）

これは，海上保安庁海洋情報部より，電話ファクス，ラジオ等で提供される情報の一環として，ＪＪＣ（共同通信社）のファクシミリで送られるものである。

発行日から5日後の海流の状況を推測している。

図の利用上の注意事項

1　黒潮

本流（1～5kt）の北縁ははっきりしているので実線で表示している。南縁は1kt 以上の海域が広域にわたり，限定が難しく，目安であるため破線になっている。

一般に北縁から南へ10～20海里に最強流帯が，そこからさらに南へ10～40海里の所が1kt 以上の流れになっている。

2　対馬暖流

この海流の流路は複雑だが，主として蛇行説（第7·3図）と3分枝説（1本が日本海沿岸に沿い，2本目がその沖合い，3本目がさらにその北側を流れる）がある。

図では，0.5～1.5kt の主な流路を二重線で表している。九州西方の流れは微弱（0.2kt 位）で潮流の影響の方が大きい。

3　親潮前線

三陸沖東方海上では，南下してきた冷水域の前面に暖水域との間で親潮前線を作る。前線付近ではほとんど流れはなく，前線に沿ってわずかに0.1～0.2ktの流れがある。

親潮は，千島列島から襟裳岬に沿って南西流し，平均1kt，最大2kt の流れとなっている。

4　暖水渦

周囲よりも高温で高気圧性（時計廻り）の渦をなす水塊である。形は円形か楕円形が多い。

5　冷水渦

周囲よりも低温で低気圧性（反時計廻り）の渦となっている。

6　その他

矢印のない海域でも流れがあるが省かれている。

7　図中の表について

黒潮の最強流帯の推測位置を，各地点からの方位，距離（海里）で示してある。

対馬暖流は，沖合いの流路の推測位置を各地点からの方位，距離（海里）で示し，沿岸は除いている。

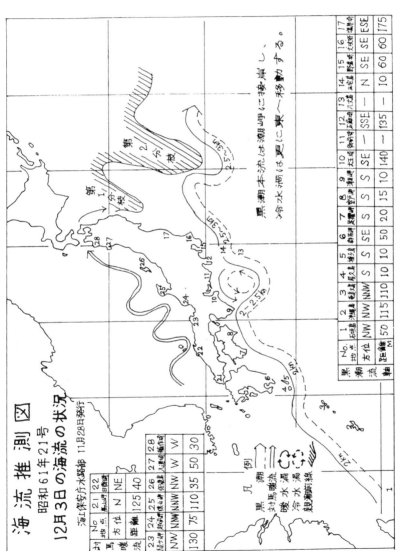

第7・3図　海流推測図

〔7-4〕　北太平洋海況図（第7・4図(1)，(2)）

北太平洋全域にわたる海水温が等温線で1℃毎に示されている。

経緯度が1°毎に区切られており，精密な水温分布図となっている。そして，ベーリング海内，オホーツク海の東部では冬期，氷量の状態が示される。

また，気象解説としてベーリング海の状況が述べられており，漁業関係者，ベーリング海を通る商船にとって有力な情報源になる。

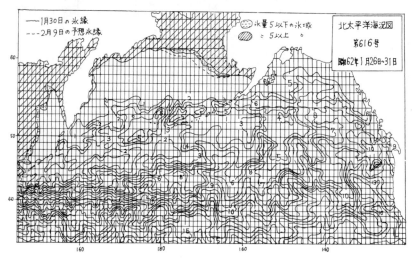

第7・4図　(1)　北太平洋海況図

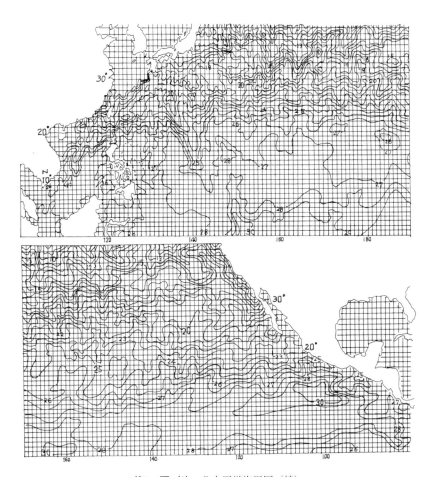

第7・4図　(2)　北太平洋海況図（続）

〔7-5〕　第２編に関連した問題

問１　太平洋において，船が利用している主なＦＡＸ放送センターを４つあげ
　　よ。

答　第1・1図参照。

問２　海上気象警報のうち，次の①と②は，それぞれどのような場合に発令さ
　　れるか。

　　　　　　　　①一般警報　　　②暴風警報

答　第2・10表参照。

問３　ファクシミリ（facsimile）による天気図を使用すれば，どんな利点があ
　　るか。

答　種々の気象図が完成した形で模写できる。世界の放送網も完備されている
　　ので，この機械があればほとんどの海域で天気図を入手することができる。
　　地上天気図，高層天気図やこれらの予想図，波浪図やその他の海況図と
　　ＦＡＸで得られる気象・海象図は多い。したがって，船の目的に応じて求め
　　る天気図を入手し，船の安全，経済運航に役立てることができる。

問４　ＦＡＸに記されている次のアルファベット４文字の意味は何か。

　　　　　　①　ASAS　　②　FSAS　　③　AUAS　　④　AWPN

答　〔1-2〕参照。

問５　外洋波浪図について次に答えよ。

　　　　　　①図に書いてある事項

　　　　　　②その利用法

　　　　　　③低気圧との関係

答　〔6-1〕，〔6-2〕，〔6-3〕参照。

問6　野島崎沖での異常気象の原因はなにか。

答　〔6-1〕参照。

問7　有義波とはどのような波か。

答　海上の波は非常に不規則なもので，波を観測すると個々の波は高さも周期もまちまちである。こうした不規則な波を表すのに，数多く観測したものを平均することが考えられる。そしてこの場合，高い波から数えて全体の1/3までの波について平均した波高と周期が有義波である。そして，波を表すのに最もよく使われる。

参 考 文 献

1 「気象衛星，ひまわりの四季」 飯田・渡辺著（山と渓谷社）

2 「防災担当者のための天気図の読み方」 倉嶋・青木著（東京堂出版）

3 「気象」 根本・新田・曲田・倉嶋・久保・安藤・篠原・原田著（共立出版）

4 「山登り気象学〈高層気象の入門書〉」 中村繁著（日本気象協会）

5 「高層天気図の利用法」 大塚龍蔵著（日本気象協会）

6 「気象ＦＡＸの利用法」＆「同（Ⅱ）」（日本気象協会）

7 「新訂天気図と気象」 能沢源右衛門著（成山堂書店）

8 「気象の事典」 浅井・内田・河村監修（平凡社）

9 「海洋気象講座」 福地章著（成山堂書店）

10 「気象ハンドブック」 朝倉正・関口理郎・新田尚編（朝倉書店）

11 「台風」 海の気象，1975．Vol.21，No.5,6（海洋気象学会）

12 「気象模写放送スケジュールと解説」 気象庁通報課監修（日本気象協会）

13 「海況情報利用の手引き」 昭55.3（気象庁海洋気象部）

14 「高層天気図からどんなことがわかるか」 梶原明仁著，海の気象，1979，Vol.24，
    No.6（海洋気象学会）

15 「気象・海象模写放送図の解説」 海の気象，1984．Vol.29，No.5,6

16 「国際通信用語集」 1978.3（予報部国際通信課）

17 「船舶通報（通報61—20,37）」（日本船主協会）

18 「気象無線模写通報の冒頭符について」 海の気象，1980．Vol.26，No.3

19 「沿岸の波浪予報」 小野田仁著，海と安全，1983—7，No.294，日本海難防止協会

20 「気象無線模写通報の見方（その2）」 気象庁海上気象課，船と海上気象，
    Vol.31，No.1

21 「新しい沿岸波浪図のJMH通報開始」 気象庁海洋気象部海上気象課，船と海上気
    象，Vol.32，No.1

22 「新しい沿岸波浪図」 羽鳥光彦，海と安全，1988．No.353，日本海難防止協会

23 「海面水温・海流予報」 佐伯理郎，海と安全，1988．No.349，日本海難防止協会

24 「台風72時間進路予報」 木津寛二，海と安全，1997．No.461，日本海難防止協会

25 「天気予報のための大気運動と力学」 股野宏志（東京堂出版）

26 「ANA AVIATION WEATHER（応用編）」 全日本空輸㈱・航務本部編（日本気
    象協会）

27 「気象予報士のための天気予報用語集」 新田尚監修（東京堂出版）

28 やさしい気象講話（No.28）「マクロな渦巻とミクロな渦度」 小倉義光著，気象38・7

29 「天気予報のつくりかた」 下山紀夫・伊東譲司著（東京堂出版）

索　　引

著者略歴

福地　章

東京商船大学航海科卒業（昭和38年）
大洋商船株式会社航海士
海技大学校名誉教授　海洋気象学担当
気象予報士・海事補佐人

よくわかる高層気象の知識〔2訂版〕
―JMH図から読み解く―　　　　定価はカバーに表示してあります。

2016 年 5 月 18 日　初 版 発 行
2023 年 12 月 18 日　2訂再版発行

著　者　福地　　章
発行者　小川　啓人
印　刷　亜細亜印刷株式会社
製　本　東京美術紙工協業組合

発行所 株式会社 成山堂書店

〒160-0012　東京都新宿区南元町 4 番 51　成山堂ビル
TEL：03（3357）5861　　FAX：03（3357）5867
URL　https://www.seizando.co.jp

落丁・乱丁本はお取り換えいたしますので，小社営業チーム宛にお送り下さい。

ISBN 978-4-425-51303-1

海洋気象講座　（12訂版）

福地 章 著
A5判 372頁
定価 5,280円（税込）

　様々な気象・海象現象、更に高層気象・FAX図・気象衛星図等を解説。各章末には過去20年の海技試験問題を分類・整理し収録。

　教科書、受験参考書、実務参考書の三位一体による構成を意識し、三級～一級の受験と海上の実務を系統的に関連づけている。

　著者が海技大学校で教えてきて得た経験を盛り込んだ本書は、海技士試験合格への必携の一冊。

高層気象の科学
－基礎理論から観測技術まで－

廣田 道夫・白木 正規・八木 正允 編著
A5判 250頁
定価 3,960円（税込）

　異常気象や自然災害など、気象への関心が高まる昨今。一般向けの解説はなされてこなかった高層気象の観測を、わかりやすく示す。

　3部立てで構成され、第1部は高層大気の物理的な基礎のほか、高層天気図の見方、身近な気象現象のメカニズムなど応用的な分野について解説。第2部では成層圏オゾンを中心とした大気化学の基礎、第3部では高層大気の観測方法や観測網を解説。

基礎からわかる海洋気象

堀 晶彦 著
A5判 156頁
定価 2,640円（税込）

　専門的になりがちな海洋気象を、基礎基本から、豊富な図版でわかりやすく解説。巻末付録にQRコードで気象庁の高層天気図を収録し、リアルタイムに検索可能。

　四級から三級（航海）の海技免状取得をめざす人に最適な、気象学の入門書。